城市黑臭水体环保清淤评估与典型案例

高红杰　刘晓玲　路金霞等　著

U0296317

科学出版社

北　京

内 容 简 介

　　本书系统介绍城市黑臭水体底泥污染的治理措施、城市黑臭水体环保清淤的调查与评估方法等；以沈阳市为例，介绍沈阳市重点河流基本情况，分析河流底泥氮磷污染、重金属污染、有机毒害物污染分布特征，评估河流底泥氮磷污染状况及潜在生态环境风险，并以满堂河及细河为例，分析典型河流的基本性状、营养物分布特征、有毒有害物分布特征，评估典型河流底泥污染状况；提出典型河流底泥环保清淤疏浚技术，为我国城市黑臭水体的监管及治理提供可借鉴的技术方法，具有较好的参考意义。

　　本书可供从事黑臭水体环保清淤、流域污染监管及控制等领域的技术人员、科研人员与管理人员参考，也可供高等院校环境工程、市政工程及相关专业师生参阅。

图书在版编目（CIP）数据

城市黑臭水体环保清淤评估与典型案例／高红杰等著. —北京：科学出版社，2023.10

（城市黑臭水体治理与管理）

ISBN 978-7-03-076967-1

Ⅰ.①城… Ⅱ.①高… Ⅲ.①城市污水处理 Ⅳ.①X703

中国国家版本馆 CIP 数据核字（2023）第 217734 号

责任编辑：周　杰／责任校对：樊雅琼
责任印制：徐晓晨／封面设计：无极书装

科 学 出 版 社 出版
北京东黄城根北街 16 号
邮政编码：100717
http://www.sciencep.com

北京中科印刷有限公司 印刷
科学出版社发行　各地新华书店经销

*

2023 年 10 月第 一 版　　开本：720×1000　1/16
2023 年 10 月第一次印刷　印张：12
字数：250 000

定价：160.00 元
（如有印装质量问题，我社负责调换）

《城市黑臭水体环保清淤评估与典型案例》
撰写委员会

主　笔	高红杰	刘晓玲	路金霞	彭　帅	常　明
成　员	涂　响	纪美辰	焦巨龙	田彦芳	梁志毅
	于会彬	柏杨巍	袁　鹏	冯慧娟	李晓洁
	傲德姆	孙　菲	李　斌	吴　奇	王　凡
	张秋英	吕纯剑	刘丹妮	杨　芳	王思宇
	赵　琛	卫毅梅	靳方园	白　杨	杨　枫
	任海燕	孙　坦	兰宪钢	陈建宇	吴　波

前　言

随着国民经济增长和社会发展步伐的加快,城市规模日益壮大,城市环境基础设施日渐不足,城市污水排放量亦不断增加,导致大量污染物入河,许多地方的水体出现了常年性或季节性的黑臭现象。国务院于 2015 年 4 月颁布了《水污染防治行动计划》(简称"水十条"),提出了分期整治城市黑臭水体的目标。根据住房和城乡建设部、生态环境部"全国城市黑臭水体整治信息发布"平台信息显示,截至 2018 年 10 月,我国黑臭水体总认定数为 2100 个。全国约 70% 的黑臭水体分布在华南、华中及华东等地区,呈现南多北少、东中部多西部少的地域特点。城市黑臭水体防治不仅是国家"水十条"的重点内容,亦是国家七大污染防治攻坚战之一。

水体底泥是河流生态系统的重要组成部分,是入河污染物特别是营养物质的主要蓄积场所。城市黑臭水体产生的一个重要原因是底泥污染。为有效治理城市黑臭水体,各地已将底泥环保清淤作为常用的措施之一加以开展。然而,部分城市黑臭水体的环保清淤方案缺乏应有的评估和论证便付诸实施,给这些河流的环境治理带来较大的隐患,产生明显的投入和效果不对称问题。2022 年 3 月,生态环境部与住房和城乡建设部联合印发《"十四五"城市黑臭水体整治环境保护行动方案》,提出城市黑臭水体进行内源治理时,开展清淤的水体重点包括以下方面:一是底泥清理是否开展科学评估,水体清淤是否合理规范;二是含有害物质的底泥是否得到妥善处理处置等情况。2022 年 7 月,住房和城乡建设部、生态环境部等联合印发《深入打好城市黑臭水体治理攻坚战实施方案》,提出科学开展内源治理:科学实施清淤疏浚,调查底泥污染状况,明确底泥污染类型,合理评估内源污染,制定污染底泥治理方案;鼓励通过生态治理的方式推进污染底泥治理。实施清淤疏浚的,要在污染底泥评估的基础上,妥善处理处置。因此,就城市黑臭水体环保清淤而言,需采取科学、合理、有效的评估。为此,本书根据《水污染防治行动计划》《城市黑臭水体治理攻坚战实施方案》对城市黑臭水体的整治要求,在水体污染控制与治理科技重大专项先期项目、沈阳市建成区重点河流底泥污染调查与评估项目等相关科研成果基础上,系统介绍了城市黑臭水体底泥污染的治理措施、城市黑臭水体环保清淤的调查与评估方法等,为我国城市黑臭水体的监管及治理提供可借鉴的技术方法,并具有较好的参考意义。

本书共分为9章。第一章是绪论，概述污染底泥的治理措施与环保清淤技术现状与评估思路；第二章介绍城市黑臭水体环保清淤调查与评估的方法，包括调查范围与频次、布点及采样原则、评估方法与原则等；第三章介绍沈阳市重点河流的基本情况，详细介绍重点河流的采样布点方案，分析河流水深、泥深、底泥含水率与粒径等物理性状；第四章分析沈阳市重点河流底泥的氮磷污染、重金属污染及有机毒害物污染分布特征；第五章评估沈阳市重点河流底泥的氮磷污染状况、重金属潜在生态环境风险与有毒有害污染潜在生态环境风险；第六章介绍典型河流的基本情况、调查及采样方案、水深泥深、底泥含水率及粒径、营养盐分布特征等；第七章分析典型河流底泥中重金属等有毒有害物质的分布特征；第八章评估典型河流底泥的污染状况与潜在生态风险等；第九章介绍典型河流底泥环保疏浚技术与环保疏浚底泥的处理方式等。

限于编著者水平及编著时间，书中难免存在不足之处，敬请读者提出批评和修改建议。

作　者

2023 年 7 月 25 日于北京

目　　录

第一章 | 绪 论

1.1 城市黑臭水体底泥污染治理意义

水体底泥是河流生态系统的重要组成部分，是入河污染物特别是营养物质的主要蓄积场所。城市黑臭水体产生的一个重要原因就是底泥污染。污染底泥可导致水体的自净能力变弱，其污染物质来源多样，包括水下生物的代谢产物、腐败尸体残物、城市居民过度排放的生活污水，以及随地表径流入河的大部分无机物和有机物等。这些携带入河的各类污染物质经过絮凝、沉降等各种物理、化学和生物过程，不断沉积到水体底部，形成新的河流底泥。底泥不仅可以直接反映水体的污染历史，在一定条件下还可向上覆水体释放各种污染物，是影响河流水质的重要二次污染源。一方面，长期沉积的污染底泥富含污染物，这些污染物的降解可引发水体因溶解氧浓度降低、复氧能力衰退，造成水体黑臭等；另一方面，沉积的底泥在水体扰动、厌氧微生物的有机物分解等作用下上浮并产生大量悬浮颗粒物及致黑致臭物质，引起水体自净能力大幅度降低（高胜标，2020）。

值得关注的是，河流在点源污染得到有效控制以后，底泥可成为水体污染的主要来源之一。一方面，水中颗粒物作为污染物的载体，有助于污染物在水环境中的迁移；另一方面，颗粒物作为一种媒体，影响污染物在水环境中的各种化学和生物转化行为，从而增强污染物在水环境中动态循环过程的复杂性（龚春生，2007）。绝大多数污染物在河流水环境中的迁移转化、沉淀累积与水体底泥密切相关。水体底泥与上覆水之间不停地进行着物质交换，且存在着一种吸收与释放的动态平衡，若水体污染物含量减少，底泥中污染物的释放将会增加。因此，溶解于水中的污染物浓度在很大程度上受到底泥的影响。当底泥未被扰动时，底泥中的污染物主要从表层底泥向上覆水扩散和分解，对水质的影响较小；底泥一旦被扰动，较厚层底泥中的污染物将会大量向水体释放，消耗上覆水中的溶解氧，造成水质不断恶化（龚春生，2007）。污染底泥可严重影响甚至破坏河流水体生态系统的健康。因此，减少水体底泥污染物释放是控制河流水生态环境质量的重要途径之一。

1.2 污染底泥治理措施

1.2.1 控制外源污染物

外源污染物大量输入是造成河流底泥污染的重要原因，要解决污染问题首要是截断污染源。一是实现流域内工业废水的达标排放，生活污水集中处理。二是为城市河流建设污染缓冲带。缓冲带是指河道与陆地的交接区域，在这一区域种植植被可起到阻挡污染物进入河流的最后一道屏障的作用，使溶解性和颗粒状的营养物被生物群落消耗或转化。

1.2.2 物理修复

物理修复是借助工程技术措施消除底泥污染的一种方法，主要有：①底泥疏浚。底泥中含有大量的有机物、氮、磷、重金属等污染物质，清除水底淤泥可削减水体内源性污染物的释放量，同时可达到增大环境容量的目的。②水体曝气。采用人工方式向水体中充氧，加速水体的复氧过程，提高水中好养微生物的活力，增强河流自净能力，以改善水质。③底泥覆盖。通过在底泥表面敷设渗透性小的塑料膜或卵石，削减波浪扰动时的底泥翻滚，有效抑制底泥营养盐的释放，提高水体透明度，但存在治标不治本、成本高等缺点。④水力调度技术。水力调度技术是根据生命体的生态水力特性，营造出特定的水流环境和水生生物所需要的环境，抑制藻类大量繁殖。

物理修复最大的优点是见效快，目前底泥疏浚技术在一定程度上取得了较为明显的效果，但也存在一些问题：①成本高，疏浚成本受许多因素影响，包括设备类型、项目大小、堆放场、底泥密度、输送距离、底泥的综合利用等；②疏浚过深将会破坏原有的生态系统，底泥疏浚可能会去除底栖生物，破坏鱼类的食物链，如果疏浚不当，会造成更严重的污染；③疏浚的底泥一般量大、污染物成分复杂、含水率高，处理比较困难。

1.2.3 化学修复

化学修复是一个人工的化学过程，被用来改变自然界物质的化学组成，主要靠向底泥施化学修复剂与污染物发生化学反应，从而使污染物易降解或毒性降低，不需再处理底泥。常见的化学修复方法有：①絮凝沉淀；②重金属的化学固定。

化学修复还存在一些问题：①加入化学物质后，水底发生化学反应，会对底栖生物有较大影响；②投加混凝剂后，水体中磷的浓度下降，虽水体透明度会增加，水质得到改善，但会抑制藻类生长，可能会引发新的生态问题。

1.2.4　生物方法

底泥的生物修复技术，是指利用培育的植物或培养、接种的微生物的生命活动，对底泥中的污染物进行转移、转化及降解，从而达到底泥修复的目的。常见的生物修复技术有：①微生物强化净化。一是在黑臭水体污染河道内投放微生物营养物质，促进微生物的生长及发育；二是采用生物膜技术；三是直接在黑臭水体中投放经过实验培养筛选的多种微生物菌种。生物促生技术指对自然界污染物降解者——微生物促生，创造具有自然降解功能的环境，通过提高受污染水体自净能力的方式，加快有机污染物的分解速度；生物膜技术主要是指在某些载体表面附着微生物，使其呈现一种膜状，通过与污水接触使得生物膜上的微生物对有机物营养成分进行摄取而相应同化，最后达到净化污水的效果。现阶段现实生活及治理过程中较为常见的微生物制剂主要是各种菌剂、有效微生物菌群、生物活性液等物质。②水生植物净化。实际运用过程中最为常见的植物有沉水、挺水、漂浮及浮叶植物等，包括浮萍、香蒲、芦苇、金鱼藻、蒋菜、狐尾藻、凤眼蓝及睡莲等。沉水植物修复、人工湿地、生态浮岛等均为治理的主要形式。现阶段最为常见的技术及最具有前景的技术为培育植物新品种，并对其进行组合、净化等，方便在实际运用过程中根据黑臭水体情况实施针对性的修复净化方式，以提高修复净化的效果。

生物修复技术的主要缺点有：①速度慢，相对于底泥疏浚，底泥修复是一个缓慢的过程；②河流水质变化带有一定的随机性，河流水质与污染源排放特性有关，与河流周围居民的生活习惯和工厂生产周期相关，所以河道接纳污染物的不确定性对所选取的生物种类有很高要求；③采用水生植物修复技术时，必须及时收割，避免植物枯萎后腐败分解，重新污染水体。

1.3 污染底泥环保清淤技术现状及问题

环保清淤是治理城市黑臭水体污染底泥的重要手段。通过对污染底泥的疏浚，可清除污染水体的内源污染物，将污染物从水域系统中彻底去除，可以较大程度地降低底泥对上覆水体的污染贡献率，进而解决由生物或物理等作用下内源释放所造成的二次污染。它是一种治理内源污染效果比较明显和有效的途径。环保清淤需采用环保型疏浚设备、余水和污泥等环保技术措施，处理清除河湖水体中的污染底泥，减少底泥污染物向水体中持续释放。因此，环保清淤以改善河流水质与修复水生态环境为目标，采用人工或机械方法清除河流表层污染底泥，减少底泥污染物的蓄积量和释放量，改善基底污染程度和水体自净能力，是削减内源污染、重建良性水生态系统的重要工程措施之一。环保清淤技术作为一种水下生态清淤方式，具有清淤深度小、疏浚精度高、环境影响小、可大幅度降低二次污染及安全妥善处置疏浚底泥等诸多优点，通常结合截污工程、水生态修复工程被广泛应用于城市黑臭水体综合治理过程中（申亮和屈文瑞，2022）。

我国环保清淤的发展主要为三个阶段：第一阶段（八五、九五），引进、探索和试验阶段；第二阶段（十五），环保清淤体系初步形成阶段；第三阶段（十一五以后），研发环保清淤成套技术开发及实际工程应用阶段（刘琴琴，2021）。不同于其他清淤方式，环保清淤可去除底泥中的污染物，同时也是缓解河流内源污染，促进水生态恢复的良好方法。环保清淤有着特殊的要求：在疏挖过程中，要尽可能减少机具对水底污染物的扰动，以避免因施工造成污染物的扩散，出现水体浑浊，影响清淤效果与水源环境；在输送清除的污染底泥时，要做到封闭性高、连续性好、中转少、时间短、安全可靠，最好是与疏挖同时进行，一次性完成疏挖和输送过程，且应将其全部干净地运至预先选定的位置堆存；最后，还要根据底泥的污染程度，对清理出的污染底泥进行脱水干化、药剂消毒、有机降解、堆填造地或作为一种资源再行利用等一系列环保措施处理。在污染底泥的疏挖、输送和堆存环节中，应杜绝施工带来的二次污染（刘恒序，2011）。

为有效治理城市黑臭水体，各地已将底泥环保清淤作为常用的措施之一加以开展。然而，部分城市黑臭水体的环保清淤方案缺乏应有的评估和论证便付诸实施，给这些河流的环境治理带来较大的环境隐患，产生明显的投入和效果不对称问题。目前，发生在环保清淤中最突出的问题主要表现如下（龚春生，2007）。

1）目前，国内普遍采用的是仅测定底泥甚至表层底泥中的目标污染物含量并用作确定河流底泥是否需要疏浚的评判依据，对底泥中目标污染物释放和缓冲特性等最基本的参数均缺乏应用研究，因此不能科学地回答河流"是否需要清淤、是否能够清淤、清多少、怎么清"等决策性问题，这必然极大地影响清淤方案和施工设计的科学性。

2）不能给出适宜的清淤深度。清淤的深度不仅直接与资金的投入有关，也与生态效益有关。若局部清淤过深，势必削弱河床底部对污染的缓冲能力。此外，过度清淤还会破坏性地改变水体形态。因此，即使确定了能够清淤的问题，但哪些位置可进行清淤，清淤深度多少等问题也尚难以回答。

3）缺乏合理的环保清淤风险评估。目前，底泥部分污染物的评价标准和评价方法还是空白，需筛选甄别有针对性的评价方法和标准。此外，目前底泥环保清淤相关评估标准缺失，国家尚未出台明确的底泥污染评价、清淤工程实施、风险评估、效果评估等相关标准，需要综合评估底泥污染程度、水体自净能力等。

1.4　城市黑臭水体污染底泥环保清淤评估

2022 年 3 月，生态环境部与住房和城乡建设部联合印发的《"十四五"城市黑臭水体整治环境保护行动方案》提出，城市黑臭水体进行内源治理时，开展清淤的水体重点包括以下方面：一是底泥清理是否开展科学评估，水体清淤是否合理规范；二是含有害物质的底泥是否得到妥善处理处置等情况。2022 年 7 月，住房和城乡建设部等联合印发的《深入打好城市黑臭水体治理攻坚战实施方案》提出科学开展内源治理：科学实施清淤疏浚，调查底泥污染状况，明确底泥污染类型，合理评估内源污染，制定污染底泥治理方案；鼓励通过生态治理的方式推进污染底泥治理。实施清淤疏浚的，要在污染底泥评估的基础上，妥善处理处置。因此，就城市黑臭水体环保清淤而言，需采取科学、合理、有效的评估。

（1）河流底泥污染现状调查

科学设计河流底泥污染调查方案，确定底泥调查断面（点位）布设方案，应用柱状样与表层样相结合的方式科学采集河道底泥，现场调查河流底泥厚度、深度、水面宽度等指标，进行底泥污染现状调查。

（2）河流底泥污染特征分析

开展河流底泥污染特征分析，包括底泥中的营养盐污染、重金属及有机毒害物污染特征，分析河道污染底泥累积和分布，解析河流污染底泥主要淤积河段、不同区段底泥主要污染物类型等，进行底泥中营养盐、有机质、重金属等指标污染程度分析，进行水平及垂向变化污染特征分析，通过分析其垂向污染变化拐点，并以地理信息等为辅助手段，确定不同河流、不同河段的淤积厚度。

（3）河流底泥潜在生态风险评价

根据底泥营养盐、重金属及有机类污染物的含量及分布规律，对底泥污染程度进行评价。评价方法及评价标准主要参考国家相关标准，对于缺少评价标准的污染物种类采用相关领域普遍采用的评价方法进行评价。对污染底泥进行污染程度评价，评估污染底泥生态风险，划分污染等级。

（4）河流污染底泥环保清淤可行性分析

根据河流底泥分层样品污染物含量及其水平、垂向变化分析，结合泥水界面营养盐释放特征与生态风险评价，核算主要污染物释放速率及对水质的影响，对不同类型污染底泥进行综合评价，科学分析确定清淤深度、范围，对不同河段清淤可行性进行综合判断。

（5）河流污染底泥处理处置措施建议

在综合分析河流污染底泥污染特征、生态风险、内源释放对水质影响等的基础上，结合具体河段水动力学特征，对不同河段污染底泥处理处置技术进行评估和比选，依据相关国家标准和技术规范，提出底泥处理处置措施建议。

1.5 城市黑臭水体污染底泥环保清淤评估技术路线

针对上述内容，将河流底泥环保清淤评估工作分为前期准备、底泥污染调查、底泥污染评估、清淤及淤泥处置建议四个阶段，技术路线如图1-1所示。

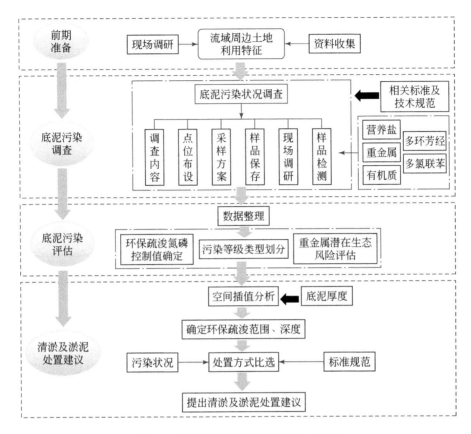

图 1-1　污染底泥环保清淤评估技术路线

第二章 城市黑臭水体环保清淤调查与评估方法

2.1 调查范围与频次

2.1.1 调查范围

重污染河流底泥环保清淤调查范围重点围绕城市黑臭水体黑臭段开展调查。

2.1.2 调查频次

根据河流底泥污染程度，环保清淤调查可每五年开展一次，可选择枯水期开展调查工作。

2.2 布点及采样原则

2.2.1 上覆水

综合考虑河流水面宽度、水深、面积、形态、地形、河床岩土性质等河流自然属性及河流水体污染分布状况、排污口等污染特征。在采样点的布设上，首先按照水流流向线性布设采样点，每 500m 布设一个采样点；其次对于河宽小于 20m 的河道设置一个采样点，超过 20m 的河道可在距离岸边 10m 左右分别设两个采样点，如遇到取样条件不允许、有雨水口/旧的排污口/污水处理厂排口时，可调整样点距离或加密采样。

2.2.2 底泥

综合考虑河流水面宽度、水深、面积、形态、地形、河床岩土性质等河流自然属性及河流水体污染分布状况、排污口等污染特征，采样点布设原则如下。

1）原则上按照每间隔 100～500m 设置一个采样点，具体间隔综合考虑调查河流长度及水体底泥污染程度。

2）排污口、河流拐点等适当加密布点。

结合河宽、水深及泥质等河流实际情况，底泥采样及分层原则确定如下。

1）根据实际河宽，确定断面采样条件：当采样点位处河宽超过 20m 时，在河左侧、中间、右侧各采集一个柱状底泥样品；当采样点位处河宽小于 20m 时，在河左侧、右侧各采集一个柱状底泥样品；当采样点位处河宽小于 10m 时，采样点具体位置原则上依据"之"字路线布设在各点位水平断面上，且每个点位水平断面仅布设 1 个点。

2）柱状底泥样品分层条件设置如下：当水体底泥厚度不超过 0.2m 时，采集表层样。当水体底泥厚度为 0.2～0.5m，柱状采样分为 A、B 层，其中 A 层取样间距为 0.1～0.2m，B 层取样间距为 0.2～0.5m。当水体底泥厚度超过 0.5m 时，柱状采样分为 A、B、C 层，其中 C 层取样间距为 0.5～1.0m。样品分层采用现场分层方法进行。在这里描述的 A、B、C 层是为了区分采样层次，而并非土壤学意义上的三层土壤层。

3）采样深度以柱状采样器下沉至正常底泥层（即未被污染的底泥层，如细砂或粉质黏土）为准。由于河道肩负着排洪功能，历史上发生洪水，造成河道下层结构比较粗，基本为粗砂和砾石组成的河床沉积物；在没有大的洪水情况下，降雨冲刷的河岸土壤或地表灰尘，随着径流进入河道，沉积在上层，所以城市河道沉积物结构表现为上细下粗的特点。由于污染底泥主要分布在上部的细砂层或黏土层之上，因此底泥调查采样深度以柱状采样器下沉至河床最深层能够收集到的细砂或粉质黏土上部覆盖的底泥层为主。

4）沉积物采用机械打井设备对观测点位河床底部以下 0～300cm 范围内进行采集，并按照 10～20cm 分层。

图 2-1 为底泥及沉积物垂向柱状样品照片示例。

图 2-1　底泥及沉积物垂向柱状样品

2.3　样品的运输储存

底泥及上覆水样品在运输过程中放入车载保温箱（恒定 4℃）等待进行实验室各种指标的测试。采集的泥样和上覆水样当天运回实验室，且放置在 4℃ 的冰箱内冷藏直至分析测试完成。

2.4　检测指标与方法

2.4.1　检测指标

根据相关技术指南与标准规范要求，检测样品包括上覆水和底泥，检测项目包括营养成分、重金属、多氯联苯、多环芳烃等 10 余类，如氨氮、总氮、总磷等指标；现场调查项目包括点位坐标、河宽、水深、泥深、底泥分层情况、底泥性状、河道环境等。样品检测指标和现场调查项目等详细信息见表 2-1 所示。

表 2-1　河流上覆水与底泥监测项目一览表

检测类别	检测项目	检测指标
上覆水	营养成分	氨氮、总磷、总氮
	其他	COD、pH、TOC
表层及柱状沉积物	重金属	汞、铅、铜、锌、镍、铬、镉
	营养成分	有机质、总氮、总磷
	物理性状	含水率、粒径
	有机磷农药	乐果、敌敌畏、甲基对硫磷、马拉硫磷
	有机氯农药	六六六、DDT
	多环芳烃	萘、苊烯、苊、芴、菲、蒽、荧蒽、芘、苯并 [a] 蒽、䓛、苯并 [b] 荧蒽、苯并 [k] 荧蒽、苯并 [a] 芘、二苯并 [a, h] 蒽、苯并 (g, h,i) 芘、茚并[1,2,3-cd]芘
	多氯联苯	2,4,4′-三氯联苯、2,2′,5,5′-四氯联苯、2,2′,4,5,5′-五氯联苯、3,4, 4′,5-四氯联苯、3,3′,4,4′-四氯联苯、2′,3,4,4′,5-五氯联苯、2,3′,4, 4′,5-五氯联苯、2,3,4,4′,5-五氯联苯、2,2′,4,4′,5,5′-六氯联苯、2,3, 3′,4,4′-五氯联苯、2,2′,3,4,4′,5′-六氯联苯、3,3′,4,4′,5-五氯联苯、 2,3′,4,4′,5,5′-六氯联苯、2,3,3′,4,4′,5-六氯联苯、2,3,3′,4,4′,5′-六 氯联苯、2,2′,3,4,4′,5,5′-七氯联苯、3,3′,4,4′,5,5′-六氯联苯、2,3, 3′,4,4′,5,5′-七氯联苯
	挥发性有机物	四氯化碳、氯仿、氯甲烷、1,1-二氯乙烷、1,2-二氯乙烷、1,1-二氯乙烯、顺式-1,2-二氯乙烯、反式-1,2-二氯乙烯、二氯甲烷、1,2-二氯丙烷、1,1,1,2-四氯乙烷、1,1,2,2-四氯乙烷、四氯乙烯、1,1,1-三氯乙烷、1,1,2-三氯乙烷、三氯乙烯、1,2,3-三氯丙烷、氯乙烯、苯、氯苯、1,2-二氯苯、1,4-二氯苯、乙苯、苯乙烯、甲苯、间二甲苯+对二甲苯、邻二甲苯
	半挥发性有机物	硝基苯、苯胺、2-氯酚
	其他	pH、矿物油、石油烃
现场调查	点位坐标、河宽、水深、泥深、底泥分层情况、底泥性状（颜色、质地、气味）、河道环境等	

2.4.2　检测方法

上覆水与底泥采样规范、样品保存及指标检测方法均按照相应规范或标准执行，详见表 2-2。

表 2-2　河流上覆水与底泥采样规范及指标检测方法一览表

类别	项目	标准或依据	检出限
采样	上覆水	国际标准《水质 采样 第四部分：湖泊和水库采样指导》（ISO 5667-4：1987）	—
	底泥	《湖泊河流环保疏浚工程技术指南（试行）》，柱状样与表层样相结合	—
样品保存	保存	《水质 采样 第三部分：样品保存和管理技术指导》（ISO 5667-3：1985）	—
上覆水	pH	便携式 pH 计法，《水和废水监测分析方法》	—
	总氮	碱性过硫酸钾消解紫外分光光度法（HJ 636—2012）	0.5mg/L
	总磷	钼酸铵分光光度法（GB 11893—89）	0.01mg/L
	氨氮	水杨酸分光光度法（HJ 535—2009）	0.01mg/L
	COD	化学需氧量的测定（GB 11914—89）	5.0mg/L
	TOC	高温催化燃烧氧化-非色散红外探测	0.5mg/L
底泥	汞	《土壤质量 总汞、总砷、总铅的测定 原子荧光法 第 1 部分：土壤中总汞的测定》（GB/T 22105.1—2008）	0.002mg/kg
	砷	《土壤质量 总汞、总砷、总铅的测定 原子荧光法 第 2 部分：土壤中总砷的测定》（GB/T 22105.2—2008）	0.01mg/kg
	铅	《土壤质量 铅、镉的测定 石墨炉原子吸收分光光度法》（GB/T 17141—1997）	0.1mg/kg
	铜	《土壤质量 铜、锌的测定 火焰原子吸收分光光度法》（GB/T 17138—1997）	1mg/kg
	锌		0.5mg/kg
	镍	《土壤质量 镍的测定 火焰原子吸收分光光度法》（GB/T 17139—1997）	5mg/kg
	镉	《土壤质量 铅、镉的测定 石墨炉原子吸收分光光度法》（GB/T 17141—1997）	0.01mg/kg
	铬	《土壤 总铬的测定 火焰原子吸收分光光度法》（HJ 491—2009）	5mg/kg
	矿物油	红外分光光度法，《全国土壤污染状况调查样品分析测试技术规定》	—
	pH	电极法，《土壤元素的近代分析方法》	—

类别	项目	标准或依据	检出限
底泥	水分	重量法（HJ 613—2011）	—
	有机质	《森林土壤有机质的测定及碳氮比的计算》（LY/T 1237—1999）	0.7g/kg
	多氯联苯（PCBs）	《土壤和沉积物 多氯联苯的测定 气相色谱–质谱法》（HJ 743—2015）	见附表1
	六六六、DDT	气相色谱法（GB/T 14550—2003）	见附表2
	有机磷农药	气相色谱–质谱法（HNENV–C069–2016）（等效 USEPA 8270D Rev. 4（2007.2））	见附表2
	总氮	《土壤质量 全氮的测定 凯氏法》（HJ 717—2014）	48mg/kg
	总磷	《土壤 总磷的测定 碱熔–钼锑抗分光光度法》（HJ 632—2011）	10.0mg/kg
	多环芳烃（PAHs）	《土壤和沉积物 多环芳烃的测定 高效液相色谱法》（HJ 784—2016）	见附表3
	石油烃	红外分光光度法	0.1mg/L
	铬（六价）	火焰原子吸收分光光度法	2mg/kg
	四氯化碳	《土壤和沉积物 挥发性有机物的测定 顶空/气相色谱法》（HJ 741—2015）	0.03mg/kg
	氯仿		0.02mg/kg
	1,1-二氯乙烷		0.02mg/kg
	1,2-二氯乙烷+苯		0.01mg/kg
	1,1-二氯乙烯		0.01mg/kg
	顺式-1,2-二氯乙烯		0.008mg/kg
	反式-1,2-二氯乙烯		0.02mg/kg
	二氯甲烷		0.02mg/kg
	1,2-二氯丙烷		0.008mg/kg
	1,1,1,2-四氯乙烷		0.02mg/kg
	1,1,2,2-四氯乙烷		0.02mg/kg
	四氯乙烯		0.02mg/kg
	1,1,1-三氯乙烷		0.02mg/kg
	1,1,2-三氯乙烷		0.02mg/kg
	三氯乙烯		0.009mg/kg

类别	项目	标准或依据	检出限
底泥	1,2,3-三氯丙烷	《土壤和沉积物 挥发性有机物的测定 顶空/气相色谱法》（HJ 741—2015）	0.02mg/kg
	氯乙烯		0.02mg/kg
	氯苯		0.005mg/kg
	1,2-二氯苯		0.02mg/kg
	1,4-二氯苯		0.008mg/kg
	乙苯		0.006mg/kg
	苯乙烯+邻二甲苯		0.02mg/kg
	甲苯		0.006mg/kg
	间二甲苯+对二甲苯		0.009mg/kg
	氯甲烷	《土壤和沉积物 挥发性有机物的测定 吹扫捕集/气相色谱-质谱法》（HJ 605-2011）	0.0010mg/kg
	硝基苯	《土壤和沉积物 半挥发性有机物的测定 气相色谱-质谱法》（HJ 834—2017）	0.09mg/kg
	苯胺		0.1mg/kg
	2-氯酚		0.06mg/kg

2.5 评估目标与原则

2.5.1 评估目标

针对环保清淤工作，开展水体底泥污染现状调查、污染特征解析、环境风险评估和污染底泥疏浚可行性分析，提出底泥污染治理与处置措施建议，为城市黑臭水体内源治理提供科学依据。

2.5.2 评估原则

1）系统性：把河流看作是自然-社会-经济复合生态系统的有机组成部分，从整体上选取指标，对其现状进行综合评估。评估指标需全面、系统地反映河流水体及底泥的各个方面，指标间应相互补充，应在保证河流防洪、灌溉、景观等基本功能的前提下，充分考虑生态环境、水质净化等需要，体现河流水生态健康环境的一体性、协调性与基本功能紧密结合的原则。

2）目的性：从底泥检测与污染状况调查方面，对河流底泥污染治理提出建议。促进河流水生态环境的改善和恢复，提高河流的自净能力，实施有效的河流生态系统管理，为改善河流生态系统健康状态提供保障。

3）代表性：评估指标应能代表河流水生态环境本身固有的自然属性、河流水生态系统特征和河流周边社会经济状况，并能反映河流生态环境受干扰和破坏的敏感性。

4）科学性和适应性：结合河流底泥调查和分析结果，科学提出底泥治理方案，减少对正常底泥层的破坏，考虑环保疏浚设备的操作性能限制，同时应兼顾河流水质改善等自然属性，全面考虑河流水文、水深、流速、多因素的综合影响，提高河流的自净和生态修复能力，创建健康的河流生态条件。

2.6 评估依据

1）《中华人民共和国环境保护法》；

2）《中华人民共和国水污染防治法》；

3）《中华人民共和国水法》；

4）《中华人民共和国防洪法》；

5）《中华人民共和国水土保持法》；

6）《中华人民共和国城乡规划法》；

7）《中华人民共和国农业法》；

8）《中华人民共和国环境影响评价法》；

9）《中华人民共和国固体废物污染环境防治法》；

10）《地表水环境质量标准》（GB 3838—2002）；

11）《污水综合排放标准》（GB 8978—1996）；

12）《农田灌溉水质标准》（GB 5084—2021）；

13）《湖泊生态安全调查与评估技术指南（试行）》（环办〔2014〕111 号）；

14）《湖泊河流环保疏浚工程技术指南（试行）》（环办〔2014〕111 号）；

15）《水体达标方案编制技术指南（试行）》（环办函〔2015〕1711 号）；

16）《水资源评价导则》（SL/T 238—1999）；

17）《地表水资源质量评价技术规程》（SL 395—2007）；

18）《疏浚与吹填工程技术规范》（SL 17—2014）；

19）《疏浚与吹填工程设计规范》（JTS 181-5—2012）；

20）《疏浚岩土分类标准》（JTJ/T 320—96）；

21）《绿化种植土壤》（CJ/T 340—2016）；

22）《农用污泥污染物控制标准》（GB 4284—2018）；

23） 《土壤环境质量 建设用地土壤污染风险管控标准（试行）》（GB 36600—2018）；

24）《土壤环境质量 农用地土壤污染风险管控标准（试行）》（GB 15618—2018）；

25）《城镇污水处理厂污泥处置 混合填埋用泥质》（GB/T 23485—2009）；

26）《城镇污水处理厂污泥处置 园林绿化用泥质》（GB/T 23486—2009）；

27）《城镇污水处理厂污泥处置 土地改良用泥质》（GB/T 24600—2009）；

28）《城镇污水处理厂污泥处置 单独焚烧用泥质》（GB/T 24602—2009）；

29）《城镇污水处理厂污泥处置 制砖用泥质》（GB/T 25031—2010）；

30）《固体废物鉴别标准 通则》（GB 34330—2017）；

31）《危险废物鉴别标准 通则》（GB 5085.7—2019）；

32）《沈阳市水污染防治工作实施方案》（2016—2020 年）；

33）《城市用地分类与规划建设用地标准》（GB 50137—2011）。

2.7 评估方法

2.7.1 高氮磷污染控制值确定方法

高氮、磷污染底泥疏浚控制值采用吸附–解吸平衡法进行确定。

具体步骤：测定底泥中 TN、TP、NH$_3$-N 及易解吸无机磷含量，通过吸附–解吸实验求出底泥的吸附–解吸平衡点；在数据质量达到要求的情况下建立营养盐含量与平衡点之间的回归方程；根据水质等级要求［如不劣于《地表水环境质量标准》（GB 3838—2002）规定的 V 类水质］或水体功能区划，计算出水体达到相应地表水质标准或水体功能区划所要求水质时底泥中的氮、磷含量，并与湖泊流域本底氮、磷含量进行对比验证，进而确定工程区高氮、磷污染底泥环保疏浚控制值。

底泥氮、磷吸附–解吸实验步骤和方法：首先研究现有情况下工程区水体中氮、磷污染现状，同时应包括富营养化阈值浓度。用磷酸二氢钾配制磷的系列浓度：0、0.01mg/L、0.05mg/L、0.1mg/L、0.2mg/L、0.4mg/L。按水土比 100∶1 加入底泥和不同浓度的含磷溶液，在 25℃下恒温振荡 48h，离心（10 000r/min，10min），取上清液过 0.45μm 纤维滤膜后用钼锑抗分光光度法测定可溶性无机磷浓度。以上处理设 3 个平行样，相对误差小于 5%。用氯化铵分别配置氮的系列浓度：0、0.5mg/L、1mg/L、1.5mg/L、2.0mg/L、4.0mg/L。按水土比 100∶1 加入底泥和不同浓度的含氮溶液。在 25℃下恒温振荡 2h，离心（10 000r/min，10min），取上清液过 0.45μm 纤维滤膜后用纳氏试剂法测定氨氮浓度。以上处理设 3 个平行样，相对误差小于 5%。

底泥对氮、磷的平衡吸附量按下式计算：

$$Q = (C_0 - C_e) \times V/W \qquad (2-1)$$

式中，Q 为平衡吸附量（mg/g）；C_0 为初始浓度（mg/L）；C_e 为吸附/解吸平衡浓度（mg/L）；V 为加入样品中的溶液体积（L）；W 为沉积物干重（g）。

2.7.2　重金属潜在生态风险评估方法

重金属污染底泥鉴别评估标准参照潜在生态风险指数法。

单个污染物潜在风险指数：

$$C_f^i = C_D^i / C_R^i \qquad (2-2)$$

$$E_r^i = T_r^i \times C_f^i \qquad (2-3)$$

多种金属潜在生态风险指数：

$$RI = \sum_{i=1}^{n} E_r^i \qquad (2-4)$$

式中，C_f^i 为单一污染物污染系数；C_D^i 为底泥中重金属的实测含量（mg/kg）；C_R^i 为计算所需的参考值（mg/kg）；E_r^i 为单一污染物潜在生态风险系数；T_r^i 为单个污染物的毒性响应参数；RI 为多种金属潜在生态风险指数。潜在生态风险指数计算所需沉积物毒性参数及其污染等级划分见表 2-3 和表 2-4。本书中 C_R^i 采用 1986 年中国科学院林业土壤研究所发布的沈阳市土壤环境重金属背景值作为参比值，见表 2-5。

表 2-3　计算潜在生态风险指数所需的重金属毒性响应参数

元素	Hg	Cd	As	Pb	Cu	Zn	Cr	Ni
沉积学毒性参数	40	30	10	5	5	1	2	5

表 2-4　污染指标和潜在生态风险指标等级划分

单一污染物污染系数 C_f^i		单一污染物潜在生态风险系数 E_r^i		潜在生态风险指数 RI	
阈值区间	程度分级	阈值区间	程度分级	阈值区间	程度分级
$C_f^i < 1$	低污染	$E_r^i < 40$	低风险	RI<150	低风险
$1 \leqslant C_f^i < 3$	中等污染	$40 \leqslant E_r^i < 80$	中风险	$150 \leqslant RI < 300$	中风险

单一污染物污染系数 C_f^i		单一污染物潜在生态风险系数 E_r^i		潜在生态风险指数 RI	
$3 \leq C_f^i < 6$	较高污染	$80 \leq E_r^i < 160$	较高风险	$300 \leq RI < 600$	高风险
$C_f^i \geq 6$	很高污染	$160 \leq E_r^i < 320$	高风险	$600 \leq RI < 1200$	很高风险
		$E_r^i \geq 320$	很高风险	$RI \geq 1200$	极高风险

表 2-5　沈阳市土壤环境重金属含量背景值

元素	Hg	Cd	As	Pb	Cu	Zn	Cr	Ni
土壤背景值/（mg/kg）	0.05	0.16	8.79	22.15	24.57	59.84	57.66	27.92

资料来源：吴燕玉，1986

2.7.3　有毒有害有机污染物风险评估方法

采用沉积物质量基准法（sediment quality criteria，SQC）对河流水体底泥有毒有害污染物潜在生态风险进行评估。沉积物质量基准法是评估淡水、港湾和海洋沉积物质量的有用工具，该方法在大量实验研究的基础上提出用于确定河流、海洋沉积物中有机污染物潜在生态风险的效应区间低值（effects range low，ERL）和效应区间中值（effects range median，ERM），并可以反映沉积物质量的生态风险水平。当污染物浓度<ERL 时，对生物产生的毒副作用不明显（风险概率<10%）；当污染物浓度>ERM 时，则会对生物产生毒副作用（风险概率>50%），可能产生一定程度的负面生态效应；当污染物浓度在 ERL 与 ERM 之间时，生物有害效应概率介于 10%~50%，只会偶尔产生负面效应。SQC 已作为评估污染物生态风险的国家标准被美国环境保护署（EPA）采用。

参考美国 EPA 关于河流沉积物中有毒有害污染物质量标准值，多氯联苯环境风险评价 ERL 为 22.7μg/kg，评价 ERM 为 180μg/kg。

参考美国 EPA 关于河流沉积物中多环芳烃的 SQC 评价方法，对河流底泥多环芳烃的生态风险进行评估。各类多环芳烃的 ERL 和 ERM 列于表 2-6 中。

表 2-6　各类多环芳烃物质的质量标准浓度值　　（单位：μg/kg）

多环芳烃	ERL	ERM
萘	160	2100
苊烯	44	640
苊	16	500
芴	19	540

续表

多环芳烃	ERL	ERM
菲	240	1500
蒽	85.3	1100
荧蒽	600	5100
芘	665	2600
苯并（a）蒽	261	1600
䓛	384	2800
苯并（a）芘	430	1600
二苯并［a, h］蒽	63.4	260

苯并［k］荧蒽、茚并[1,2,3-cd]芘、苯并(g,h,i)苝、苯并［b］荧蒽未规定最低安全值，但只要这几种多环芳烃组分在环境中存在就有一定的生态风险。

第三章 重点河流水体基本情况调查

3.1 水 系 概 况

沈阳市中心城区水系主要有浑河、蒲河、南运河、新开河、卫工明渠、辉山明渠、满堂河等河流。其中，浑河和蒲河为大型河流，主要情况如下。

1）浑河。浑河是辽宁省第二大河流，发源于抚顺市清源满族自治县（清源县）长白山支脉的滚马岭，流经抚顺、沈阳、辽阳、鞍山等11个市、县（区），经营口入渤海。浑河流入沈阳市区后，其支流右岸有细河、蒲河、满堂河等，左岸有杨官河、张官河、白塔堡河等。浑河沈阳城市段全长32km。现状浑河具有水田灌溉、市区排洪泄涝、浑河沿线地下水补给及景观渠道等功能。

2）蒲河。蒲河是浑河右岸的主要支流，发源于铁岭横道河子镇想儿山，从东北流向西南，流经沈北新区、浑南区、于洪区、新民市和辽中区，沈阳市境内河长179.72km，流域面积2248km²。现状蒲河主要具有农田灌溉、排洪泄涝和景观渠道等功能。

沈阳市水系较为发达。南运河、新开河和卫工明渠构成浑北主城区的环城水系，合称"百里运河"。大型湖库有卧龙湖、团结湖、三台子水库、花古水库、狍子沿水库、尚屯水库、棋盘山水库、石佛寺水库等。沈阳市中心城区内主要河道、明渠共计23条，分别为浑河、新开河、南运河、卫工明渠、现状细河、满堂河、辉山明渠、张官河、杨官河、古城子河、白塔堡河、老背河、蒲河、南小河、浑蒲灌渠、浑南灌渠、八一灌渠、苏抚灌渠、六零灌渠、南分干、北分干、胜利明渠、七二四明渠等。除蒲河、南小河、苏抚灌渠、浑蒲灌渠、八一灌渠位于三环公路以外，其余18条河、渠均流经三环公路以内。在以上23条河道、明渠中有7条为农田灌溉渠道，分别为：北分干、南分干、浑蒲灌渠、八一灌渠、浑南灌渠、苏抚灌渠、六零灌渠。其余16条为城市河道，其中，新开河、南运河、卫工明渠及浑河局部段等4条河道已基本改造成为城市景观河道；其余12条河道仍处于原状态，包括：现状细河、满堂河、辉山明渠、张官河、杨官河、古城子河、白塔堡河、老背河、蒲河、南小河、胜利明渠、七二四明渠等。

沈阳市中心城区内主要湖面、水库共计 19 座，分别为：秀湖、丁香湖、怒江湖、北陵湖、北塔湖、朱尔水库、三家子水库、辉山水库、高官台水库、前山湖、动物园湖、万柳塘湖、青年湖、鲁迅湖、南湖、劳动湖、玄武湖，以及北部副城、道义组团内的湖面等。除秀湖及北部副城、道义组团内的湖面位于三环以外，其余 16 座湖库均位于三环以内。在以上 19 座湖库中，秀湖、丁香湖、北陵湖、动物园湖、万柳塘湖、青年湖、鲁迅湖、南湖及劳动湖等 9 座湖面处于公园内部，具有一定的城市景观；北塔湖、怒江湖已建成；其余 7 座湖库均有改造整治的需要。

3.2 重点河流基本情况

对沈阳市辉山明渠、新开河、南小河、老背河、黄泥河、九龙河、新穆河 7 条重点河流开展底泥调查，这 7 条河流共涉及和平区、沈河区、皇姑区、大东区、浑南区、于洪区和沈北新区 7 个行政区（图 3-1）。其中，辉山明渠、新开河、南小河 3 条河流为建成区内河流，老背河、黄泥河、九龙河、新穆河 4 条河流为建成区外河流。

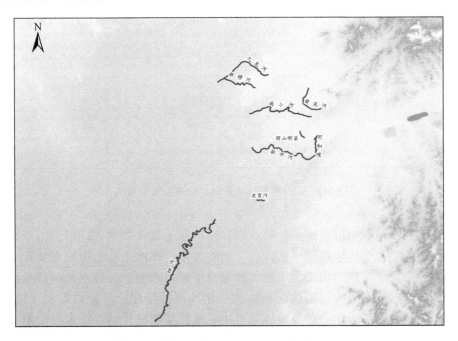

图 3-1 沈阳市 7 条重点河流行政区域分布图

3.2.1 辉山明渠

辉山明渠是沈阳市东北部的一条泄洪通道，自辉山水库引水，在沈河区最终汇入浑河，流经大东、沈河两个区，全长 15.6km。黑臭河段长 11km，起点为辉山水库，终点是浑河。调查与评估的辉山明渠水体位于大东区的黑臭段内，即辉山明渠（大东段），检测河段长约 1.6km，共布设 6 个点位，依次为 HSMQ-1 ~ HSMQ-6，如图 3-2 所示。

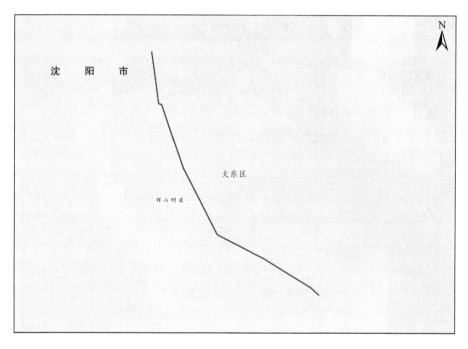

图 3-2　辉山明渠（大东段）地理位置示意图

辉山明渠河道曲折蜿蜒，每到汛期行洪时水土流失严重。同时，由于附近村屯垃圾倾倒和多年生活污水的排放，加之常年自然沉积，河道底部聚积了大量淤泥，增加了河道的内部污染源，并缩窄了河道断面，天气炎热时散发出难闻的刺鼻气味。河道内污染物沉积形成一定厚度的淤泥，河道内堆积了垃圾、植物残体，局部河道中有建筑垃圾和石块。根据监测报告，在范家坟上游至水晶城小桥段，监测点位检测项目均低于土壤污染风险筛选值，淤泥平均厚度约为 0.5m。

3.2.2 新开河

新开河（图3-3）是人工挖掘的一个灌渠，东起浑河东陵进水闸门，流经浑南区、大东区、沈河区、皇姑区、于洪区及新民市、辽中区后入蒲河，全长33km。其上游与满堂河、辉山明渠以及南运河分别相交，下游与北陵湖、卫工河及西南部明渠相通，既是浑北灌渠的主干线（主要灌溉于洪区、新民市、辽中区的 23 万亩[①]水田），又是市区北部排涝泄洪的重要渠道。新开河黑臭段长21.3km，东起东陵进水闸，西至东陵进水闸。

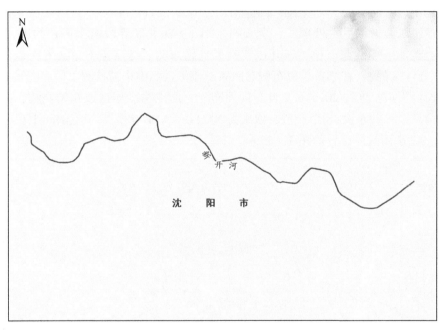

图3-3 新开河地理位置示意图

新开河内源污染主要是河道内部淤泥向水体释放污染物质，影响水质。对河道底泥的检测结果表明，底泥中镉、汞、砷、铅、铬含量均未超过《土壤环境质量 农用地土壤污染风险管控标准（试行）》（GB 15618—2018）的土壤污染风险管制值，铜、六六六、DDT 含量均未超过土壤污染风险管制值，在部分点位汞、镍、锌高于土壤污染风险筛选值。

---

① 1 亩 ≈667m²。

河道底部原河床目前已被淤泥覆盖，河道内水草生长较为茂盛。同时，河底淤泥处于厌氧发酵状态，可能向河道释放污染物质进而影响水质。此外，底泥的淤积导致河床底部升高，减弱了河道的行洪能力。

新开河底泥内源控制段东起新立堡立交桥，西至白山路桥，包括北陵公园、友谊宾馆湖面，由东向西流经沈河、大东和皇姑三区，淤积河道全长 21.3km，淤泥平均厚度为 0.5m。

3.2.3 南小河

南小河为蒲河的一个支流，黑臭河段总长 25.8km。其中，大东区段东起京哈高速，西至朱尔污水处理厂，全长约 8.4km；沈北区界段南小河长约 17.4km（包含支线），主线起点位于三环以北长大铁路东侧，终点位于道义五街以西约 420m 处（区界），在小桥子村东侧有两条支流汇入。南小河检测水体底泥采样点布设所经河道长度约 20.8km，自东向西布点，起点为大东区段京哈高速，终点为入蒲河口，共布设 48 个点位，依次为 NXH-1 ~ NXH-48。每个点的间距在 70 ~ 683m。南小河具体位置如图 3-4 所示。

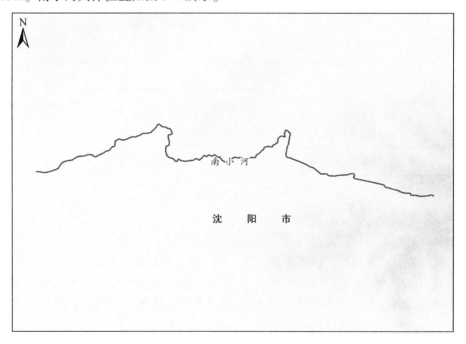

图 3-4 南小河地理位置示意图

经过现场调研,将南小河分为四部分,主要污染部分为京哈高速–东腾街段与木匠村–朱尔村段。木匠村位于北环线以北,明沈线以东,京哈线以西,淤泥厚度为0.2~0.6m。

3.2.4 老背河

老背河全长1.97km,上游宽3~5m,下游宽12~18m,河道比降1:5000,主要功能是解决和平区排涝问题和前进村400多户居民污水排放问题。老背河末端通过箱涵与闸门形式结合穿过浑河堤防,入河口处地势开阔,植被封育较好,而上游被迎春街施工阻断。老背河检测河段从上至下共布置底泥采样点12个,按照LB-1~LB-12进行编号。老背河地理位置如图3-5所示。

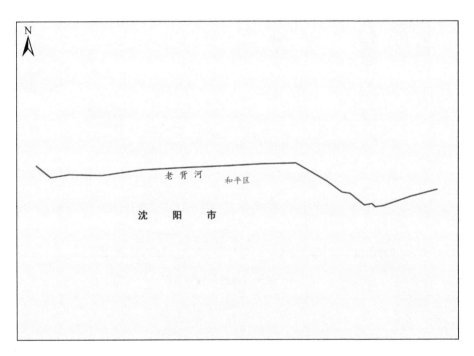

图3-5 老背河地理位置示意图

3.2.5 黄泥河

黄泥河全长9.66km,中下游是流经大东区与沈北新区的界河,中下游大东段长约6km。黄泥河是蒲河流域一条主要的支流河，研究区黄泥河中下游起始点位于兴农路与宏业街交界处，由东南向西北流经皮台村、大志村后，转而向北流经柳岗村和沈阳欧盟经济开发区，在蒲平路交界处进入沈北新区，前行汇入蒲河，黄泥河中下游大部分处于沈阳市东部区域工业园区内。黄泥河检测点位从上游白林子水库至蒲南路北侧浑河入河口布设，所经河道全长9.66km，共布设23个点位，依次为HNH-1～HNH-23。黄泥河地理位置如图3-6所示。

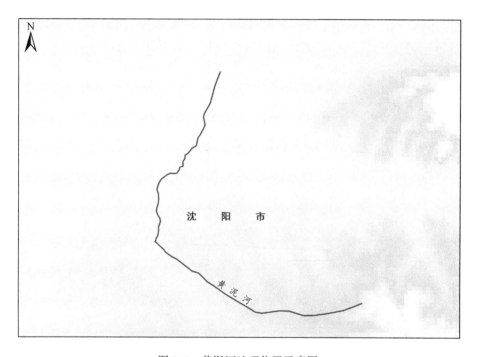

图 3-6　黄泥河地理位置示意图

3.2.6　九龙河

九龙河发源于沈阳市沈北新区财落乡木舒村，在于洪区入蒲河。其流经沈北新区、于洪区，是蒲河支流。九龙河河长30.8km，河道主槽宽度为30～35m，流域面积244.7km²。其中，在于洪区境内河长14.3km，流域面积120.79km²，堤长45.2km，堤距50～150m。九龙河河床质地为卵石、细砂、黏土，河上有7处排水站，两座拦河橡胶坝，位于沈北新区。橡胶坝正常运行时蓄水量约 30 万 m³。非汛期橡胶坝分别抬高到相应的设计坝高，基本蓄满运行，支撑农作物灌溉。汛期塌坝运行，来水全部自然流通。另有浑北灌渠六零干渠跨河通过，导水路排干在西十里村附近汇入九龙河。九龙河检测点位从上至下共布设底泥采样点 49 个，按照 JL-1 ~ JL-49 进行编号。九龙河地理位置如图 3-7 所示。

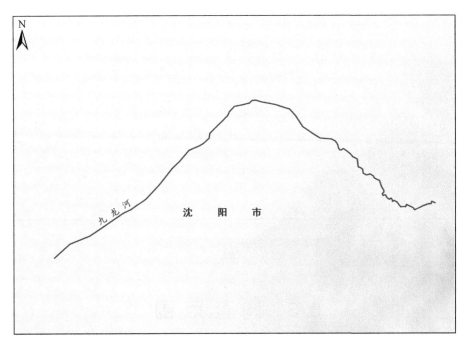

图 3-7　九龙河地理位置示意图

3.2.7　新穆河

新穆河是九龙河支流，位于沈阳市沈北新区，全长 13.4km，水面平均宽度 2~20m（季节性），水体平均深度 0.5~1m。新穆河检测点位从上至下共布置底泥采样点 25 个，按照 XM-1 ~ XM-25 进行编号。新穆河地理位置如图 3-8 所示。

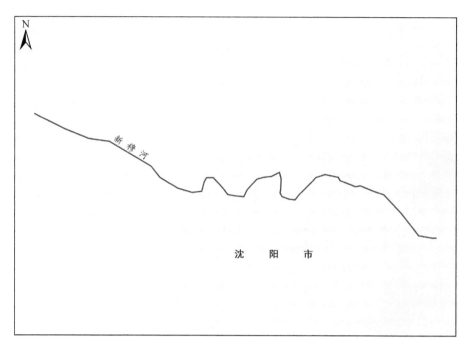

图 3-8　新穆河地理位置和示意图

3.3　调查范围

　　辉山明渠、新开河、南小河、老背河、黄泥河、九龙河、新穆河 7 条河流的基本信息如表 3-1 所示。调查与评估河段总长度约为 90km。其中，辉山明渠为 1.6km，新开河为 21.3km，南小河为 20.8km，老背河为 1.4km，黄泥河为 9.66km，九龙河主干为 18.15km，以及新穆河为 13.4km。详见表 3-1。

表 3-1　辉山明渠等 7 条河流基本信息

水体名称	起点	终点	长度 /km	水面平均宽度 /m	水体平均深度 /m	行政区
辉山明渠	辉山水库	东旺街	1.6	35	20	大东区
新开河	新立堡桥	三面闸	21.3	30	1.8	沈河区、大东区、皇姑区
南小河	京哈高速	蒲河	26.2	8～10	0.5	大东区、沈北新区、于洪区
老背河	迎春街	浑河	1.4	10	0.4～0.5	和平区
黄泥河	白林子水库	浑河入河口	9.66	8～10	0.15～0.20	沈北新区、大东区

水体名称	起点	终点	长度/km	水面平均宽度/m	水体平均深度/m	行政区
九龙河	木舒屯村	蒲河	18.15	2～20（季节性）	0.5～1	沈北新区
新穆河	四环	穆家村	13.4	2～20（季节性）	0.5～1	沈北新区

3.4 布点及采样方案

3.4.1 底泥

采样点布设原则如下：

1）辉山明渠、新开河、南小河、黄泥河河流原则上按照每间隔500m设置一个采样点；

2）老背河原则上按照每间隔125m或250m设置一个采样点；

3）九龙河、新穆河相邻采样点间隔100～550m，具体间隔依据现场情况设定；

4）排污口、河流拐点等适当加密布点。

调查长度、范围和点位数见表3-2所示。

表3-2 7条重点河流点位布设情况

河流名称	调查河段长度/km	点位范围	布设点位数/个
辉山明渠	1.6	HSMQ-1～HSMQ-6	6
新开河	21.3	NK-1～XK-48	48
南小河	20.8	NXH-1～NXH-48	48
老背河	1.4	LB-1～LB-12	12
黄泥河	9.66	HNH-1～HNH-23	23
九龙河	18.15	JL-1～JL-49	49
新穆河	13.4	XM-1～XM-25	25

3.4.2 上覆水

结合水质现状，在底泥布点方案基础上，辉山明渠、南小河、老背河、黄泥河、九龙河和新穆河上覆水分别布设6个、21个、4个、11个、18个和10个采样点位。

由于新开河贯穿中心城区，部分河段采样点加密，根据上述原则设计采样方案，2018年11月13日至12月13日第一次上覆水采样共布设48个调查点位。新开河由于样点13、21和45样品有缺失，故未列出。

3.5 重点河流上覆水情况综合比较

对7条河流的水质状况进行了检测，详见表3-3，并对主要污染物（包括 NH_3-N、TN、TOC、COD、TP）进行了对比分析。

表3-3 沈阳市河流水质 （单位：mg/L）

指标		辉山明渠	新开河	南小河	老背河	黄泥河	九龙河	新穆河
pH		7.45	7.12	6.98	6.67	7.11	7.07	7.28
NH_3-N	浓度	0.17	0.07	0.26	2.21	0.42	0.14	0.79
	类别	Ⅱ	Ⅰ	Ⅱ	劣Ⅴ	Ⅱ	Ⅰ	Ⅲ
TN	浓度	0.42	0.17	0.64	5.52	1.05	0.35	1.98
	类别	Ⅱ	Ⅰ	Ⅲ	劣Ⅴ	Ⅳ	Ⅱ	Ⅳ
TP	浓度	0.29	0.44	0.56	1.79	1.12	1.23	1.83
	类别	Ⅳ	劣Ⅴ	劣Ⅴ	劣Ⅴ	劣Ⅴ	劣Ⅴ	劣Ⅴ
COD	浓度	76.92	91.4	64.97	123.69	81.81	56.36	102.59
	类别	劣Ⅴ	劣Ⅴ	劣Ⅴ	劣Ⅴ	劣Ⅴ	劣Ⅴ	劣Ⅴ
TOC	浓度	16.95	8.58	9.89	30.27	11.85	11.88	16.84

由表3-3可以得出，沈阳市7条河流的主要污染因子为COD，均超Ⅴ类标准，其次是TP，只有辉山明渠达到了Ⅳ类标准，其余6条河流均超过了Ⅴ类标准。7条河流中老背河的水质较差，水体中 NH_3-N、TN、TOC、COD、TP均超Ⅴ类标准，新开河水质较好，水体中 NH_3-N 和TN达到了Ⅰ类标准，九龙河次之，水体中的 NH_3-N 达到了Ⅰ类标准。

NH_3-N 的污染主要集中在老背河，浓度为2.21mg/L，超过了Ⅴ类标准，新开河与九龙河水体中的 NH_3-N 浓度分别为0.07mg/L 和0.14mg/L，达到了Ⅰ类标准；辉山明渠、南小河和黄泥河达到了Ⅱ类标准，浓度分别为0.17mg/L、0.26mg/L 和0.42mg/L。

TN的污染主要集中在老背河，浓度为5.52mg/L，超过了Ⅴ类标准；黄泥河与新穆河水体中TN浓度分别为1.05mg/L 和1.98mg/L，为Ⅳ类；南小河水体中的 TN 浓度为 0.64mg/L，达到了Ⅲ类；九龙河水体中 TN 为Ⅱ类标准，浓度为 0.35mg/L；新开河水体中 TN 为Ⅰ类标准，浓度为 0.17mg/L。

7 条河流中老背河 TOC 的浓度高达 30.27mg/L，明显高于其余河流。7 条河流中 TOC 的浓度大小依次为老背河>辉山明渠>新穆河>九龙河>黄泥河>南小河>新开河。

3.6 重点河流水深和底泥分布

经现场调查及测量，绘制了沈阳市 7 条重点河流检测河段的泥深及水深示意图。

辉山明渠（大东段）涉及的河道长度约 1.6km，泥深 20~80cm，平均泥深为 47.5cm。其中，泥深在 20cm 及以下的河段，长度约为 0.39km；泥深在 20~50cm 的河段，长度约为 0.72km；泥深在 80cm 的河段长度约为 0.49km。辉山明渠（大东段）水深及泥深情况如图 3-9 所示。

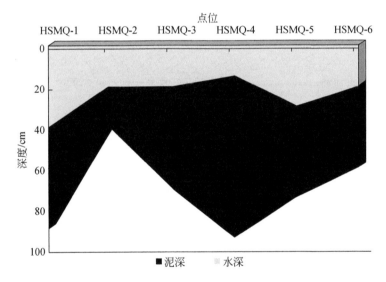

图 3-9　辉山明渠（大东段）各采样点位水深及泥深情况

新开河泥深 5~60cm，平均泥深为 26.4cm。其中，泥深在 20cm 以下的河段，长度约为 2.9km；泥深在 20~50cm 的河段，长度约为 10km。新开河（新立堡桥至三面闸段）水深及泥深情况如图 3-10 所示。

南小河平均泥深为 19cm，平均水深为 65cm，平均点位间距为 389m。从 NXH-1 点位开始，随着采样点距离的增加，水深大致为波动增加状态。南小河水深及泥深情况如图 3-11 所示。

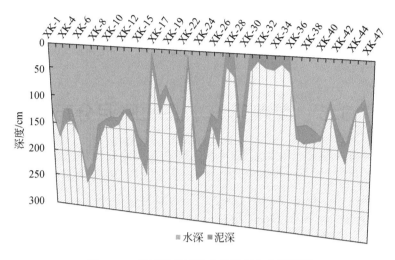

图 3-10　新开河各采样点位泥深和水深情况

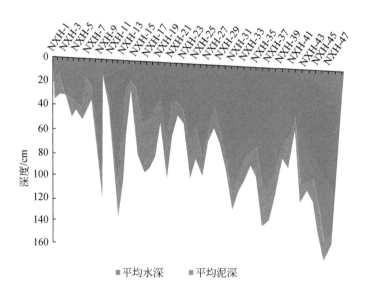

图 3-11　南小河大东区段各采样点位水深及泥深情况

老背河水深 0～75cm，泥深 10～45cm，平均泥深约为 30cm。其中，部分河段呈无水状态。老背河水深及泥深情况如图 3-12 所示。

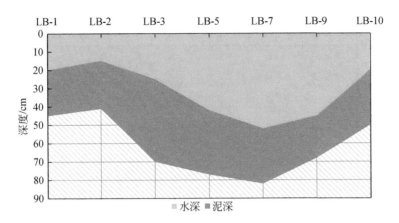

图 3-12　老背河各采样点位水深及泥深情况

黄泥河底泥深度为 10～105cm，平均深度为 48cm。其中，底泥深度在 20cm以下的河段，长度约为 2.25km；底泥深度在 20～40cm 的河段，长度约为1.75km；底泥深度在 40～60cm 的河段，长度约为 3.41km；底泥深度在 60cm 以上的河段，长度约为 2.25km。黄泥河水深及底泥深度情况如图 3-13 所示。

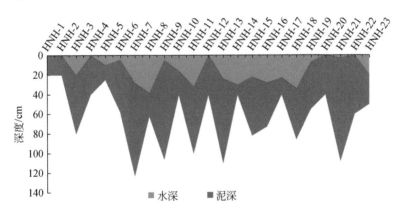

图 3-13　黄泥河各采样点位水深及底泥深度情况

九龙河水深 0～70cm，泥深 3～80cm，平均泥深约为 32cm。其中，部分河段呈无水状态。九龙河水深及泥深情况如图 3-14 所示。

新穆河水深 0～60cm；泥深 5～52cm，平均泥深约为 20cm。其中，部分河段呈无水状态。新穆河水深及泥深情况如图 3-15 所示。

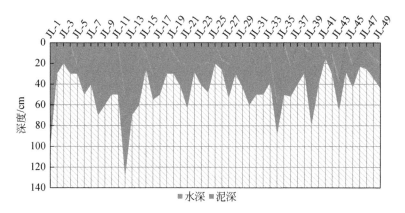

图 3-14   九龙河各采样点位水深及底泥深度分布

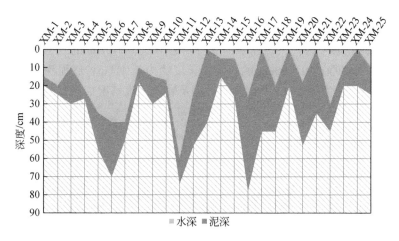

图 3-15   新穆河各采样点位水深及底泥深度情况

3.7   底泥含水率和粒径分析

3.7.1   底泥含水率分析

土壤含水率采用土壤含水量除以土壤干重进行计算，土壤含水率是表征土壤水分的关键参数，是表征一定深度土层干湿程度的物理量。对辉山明渠、新开河、南小河、老背河、黄泥河、九龙河、新穆河 7 条河流各采样点位的含水率空间变化进行分析，含水率变化情况如表3-4所示。

表3-4　7条重点河流底泥含水率变化　　　　　（单位:%）

河流名称	最小值	最大值
辉山明渠	27.8	73.3
新开河	15.8	77.7
南小河	4.54	62.61
老背河	1.3	53.17
黄泥河	0.50	100
九龙河	0.7	56.69
新穆河	0.5	62.6

如图3-16所示，7条重点河流底泥含水率排序为：辉山明渠>新开河>南小河>黄泥河>老背河>新穆河>九龙河。

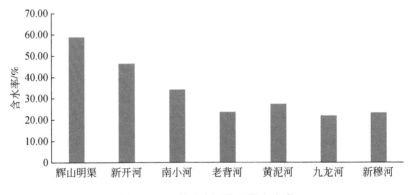

图3-16　7条重点河流底泥含水率

3.7.2　底泥粒径分析

选取辉山明渠、新开河、南小河、老背河、黄泥河、九龙河、新穆河7条河流的典型底泥样品进行粒径分析，采用马尔文激光粒度分析仪 Mastersizer 2000 进行测定。粒径分布大致可以划分为以下5个区间：<4μm、4~16μm、16~32μm、32~64μm 和>64μm，这5个粒径分布区间所占体积比例如表3-5所示。辉山明渠（大东段）底泥粒径为0.41~1986μm，主要分布在55~238μm。新开河底泥粒径为0.34~205μm，主要分布在60~205μm。南小河底泥粒径为0.343~

215.128μm，主要分布在 32～215.128μm。老背河底泥粒径为 0.364～291μm，主要分布在 64～291μm。黄泥河底泥粒径为 0.59～238μm，主要分布在 64～160μm。九龙河底泥粒径为 0.343～184μm，主要分布在 64～151μm。新穆河底泥粒径为 0.343～175μm，主要分布在 64～150μm。

表 3-5　7 条重点河流底泥粒径分布

河流名称	粒径分布范围/μm	<4μm	4～16μm	16～32μm	32～64μm	>64μm
辉山明渠	0.41～1986	3.38%	8.46%	12.76%	24.75%	50.75%
新开河	0.34～205	2.73%	5.52%	7.44%	19.27%	65.04%
南小河	0.343～215.128	5.11%	11.57%	16.07%	29.09%	38.16%
老背河	0.364～291	4.94%	11.24%	13.57%	22.13%	48.12%
黄泥河	0.59～238	4.51%	11.82%	15.77%	27.33%	40.57%
九龙河	0.343～184	4.54%	10.46%	14.13%	30.33%	40.54%
新穆河	0.343～175	4.59%	11.51%	17.0%	30.9%	36.0%

第四章 | 重点河流水体底泥污染分布特征

4.1 底泥氮、磷污染分布特征

4.1.1 各河流分布特征

（1）辉山明渠

辉山明渠大东段总氮空间分布见图4-1。辉山明渠大东段表层底泥中总氮的含量变化范围在 485.191 ~ 3169.79mg/kg，平均值为 1250.4mg/kg，其中水体的上中段总氮的含量偏高。HSMQ-1 和 HSMQ-5 点位 B 层中总氮浓度高于 A 层，虽然分层中总氮浓度分布不均，但是纵向变化不大。总体上看，辉山明渠大东段部分河段的

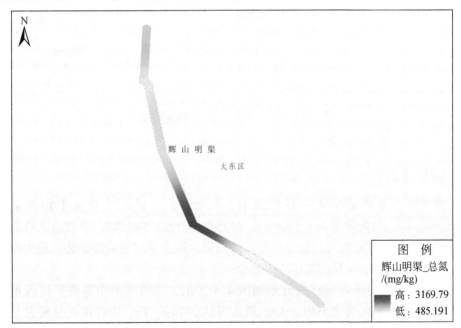

图4-1 辉山明渠大东段总氮空间变化

总氮含量较高，变化幅度较大，这与辉山明渠大东段流域的人类活动有密切关系。

辉山明渠大东段总磷空间分布见图4-2。辉山明渠大东段表层底泥中总磷的含量变化范围在705~1098mg/kg，平均值为850.39mg/kg，其中水体的上下段总磷的含量偏低，中段总磷的含量最高。HSMQ-1和HSMQ-5点位B层中总磷浓度低于A层，虽然分层中总磷浓度有高低之分，但是纵向变化不大。总体上看，辉山明渠大东段部分河段的总磷含量较高，变化幅度较大，这与辉山明渠流域流经区域受人类活动影响有关。

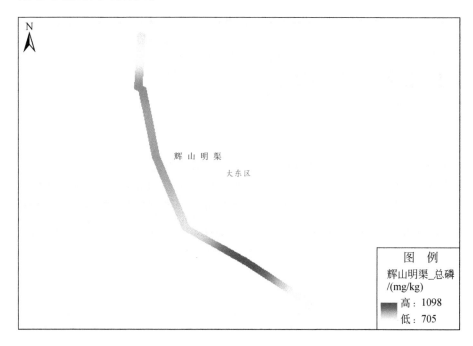

图4-2　辉山明渠大东段总磷空间变化

（2）新开河

新开河总氮含量空间分布如图4-3所示，表层底泥中总氮平均含量为3116.9mg/kg，最低值为321.5mg/kg，最高可达9983.5mg/kg。中游地区总氮含量较高，下游地区总氮含量较中游降低。总氮含量在B层呈较高态势，最大值高达21 453.5mg/kg，A层次之，C层最少。

新开河底泥总磷含量空间分布如图4-4所示，表层底泥中总磷平均含量为1066.2mg/kg，最低值为109mg/kg，最高可达2490mg/kg。中游地区总磷含量较高，到下游地区总氮总磷含量较中游地区降低。总磷含量在A层和B层之间的变化不大，B 层平均含量为 1084.9mg/kg。

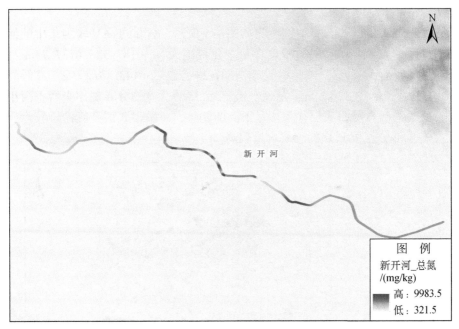

图 4-3　新开河总氮空间变化

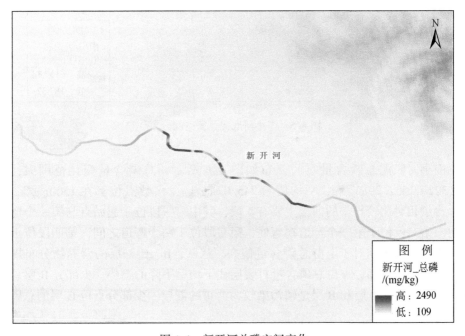

图 4-4　新开河总磷空间变化

（3）南小河

南小河底泥的总氮含量空间分布如图 4-5 所示，含量过高且较为集中的河段主要位于两个弯道之间。总氮浓度含量变化范围大，为 187.32～6137.74mg/kg，平均值为 2348.45mg/kg，最高的位于 NXH-23 点，为 6143.13mg/kg，最低的位于 NXH-15，为 187.32mg/kg。从 A、B、C 三层的营养物分布规律来看，南小河大部分点位总氮含量自表层往下均呈下降的趋势，A 层和 B 层是氮污染较为严重的泥层，少部分点位 C 层的总氮含量较高。

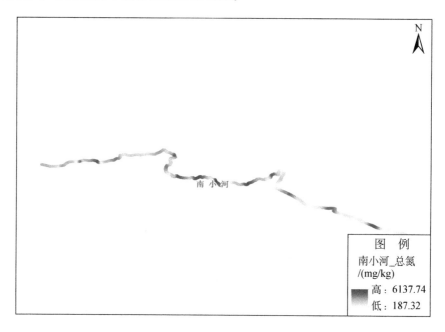

图 4-5　南小河底泥总氮空间分布

南小河底泥总磷含量空间分布如图 4-6 所示，总磷含量变化范围大，为 201.322～1552.29mg/kg，平均值为 745.07mg/kg，多数点位都在 1500mg/kg 以下。含量相对比较异常的河段主要有 4 段，其中第一段位于起始点与第一个弯道中间，第二段位于第一个弯道拐弯处，第三段位于两个弯道之间，第四段位于采样点终点。下游相对于上游总磷含量偏高。从 A、B、C 三层的营养物分布规律来看，南小河大部分点位总磷含量自表层往下均呈下降的趋势，少部分 B 层总磷含量超过表层，A 层和 B 层是磷污染较为严重的泥层。少部分点位 C 层的总磷含量较高。

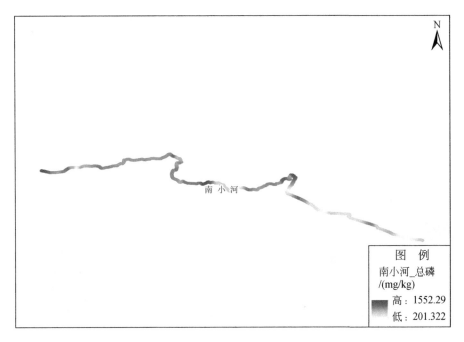

图4-6　南小河总磷空间分布特征

（4）老背河

老背河底泥总氮含量空间分布如图4-7所示，总氮含量的平均值为2307mg/kg。从分布规律来看，LB-3之后的河段底泥中总氮含量相对高于LB-3之前的河段，河流中游段总氮含量相对较高，其中LB-9河段总氮含量最高。在检测的5个B层点位中，LB-4和LB-5点位B层总氮含量高于A层的含量，其中，LB-3、LB-6、LB-8点位B层总氮含量低于A层的含量。

老背河底泥总磷含量空间分布如图4-8所示，总磷含量的平均值为911mg/kg。从分布规律来看，河流中游有三段（LB-4、LB-6、LB-11）总磷含量相对较高，其余河段总磷含量较低。在检测的5个B层点位中，LB-3、LB-4、LB-6、LB-8点位B层的总磷含量低于A层含量，只有LB-5点位B层总磷含量大于A层的含量。

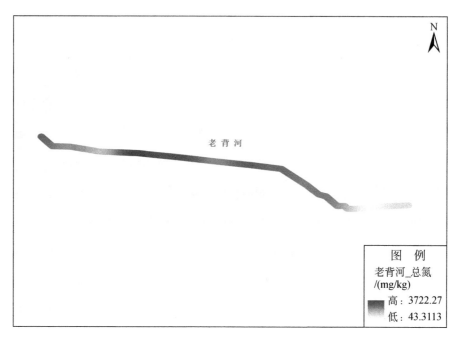

图 4-7　老背河底泥总氮空间分布

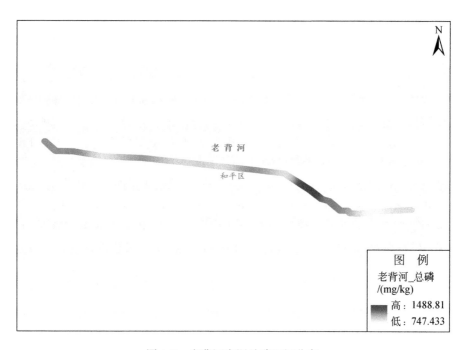

图 4-8　老背河底泥总磷空间分布

（5）黄泥河

黄泥河底泥的总氮含量空间分布如图4-9所示，底泥中总氮含量的平均值为1891mg/kg。从分布规律来看，黄泥河HNH-4检测点位以上的上游河段和HNH-18以下的下游河段底泥中总氮含量明显高于中游段。从A、B两层的总氮分布规律来看，黄泥河大部分点位总氮含量自表层往下均呈下降的趋势，某些点位的B层总氮含量超过A层，包括HNH-4、HNH-7、HNH-11、HNH-22、HNH-23。A层总氮浓度最高的点位是HNH-21，达到了3456mg/kg；B层总氮浓度最高的点是HNH-22，达到了3587.9mg/kg。

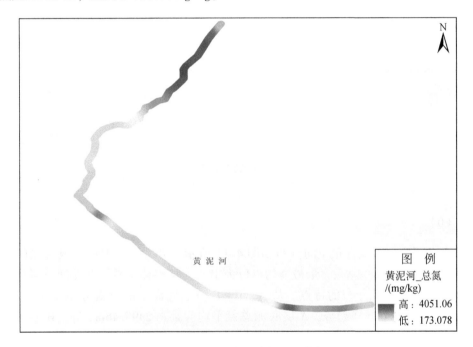

图4-9　黄泥河底泥总氮空间分布

黄泥河底泥总磷含量空间分布如图4-10所示，底泥中总磷含量的平均值为823mg/kg。从总磷分布规律来看，黄泥河下游河段（HNH-18～HNH-24）底泥中总磷含量明显高于其他河段。从A、B两层的总磷分布规律来看，黄泥河大部分点位总磷含量自表层往下均呈下降的趋势，某些点位的总磷B层超过A层，包括HNH-9、HNH-12、HNH-23。A层总磷浓度最高的点是HNH-21，达到了1859mg/kg，B层总磷浓度最高的点是HNH-22，达到了1560.4mg/kg。

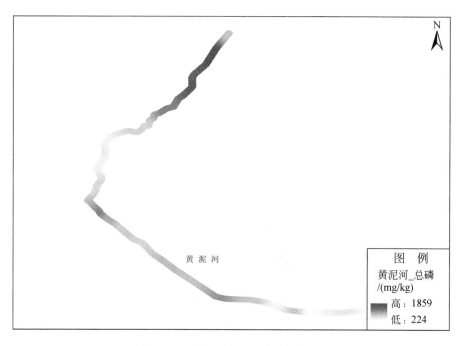

图 4-10　黄泥河底泥总磷空间分布

（6）九龙河

九龙河表层总氮含量空间分布如图 4-11 所示。九龙河底泥中总氮含量的平均值为 2421mg/kg，总氮含量最高的点位为 JL-3。从整体来看，九龙河总氮含量呈现高低浓度交替分布的特点。从 A、B、C 三层底泥中的总氮分布规律来看，自 A 层到 C 层呈下降趋势，A 层底泥总氮平均含量为 2495.46mg/kg，B 层底泥总氮平均含量为 2255.94mg/kg，C 层底泥总氮平均含量为 1999.68mg/kg。

九龙河表层底泥总磷含量空间分布如图 4-12 所示。九龙河表层底泥中的总磷含量为 90 ~ 2541mg/kg，平均值为 989mg/kg，总磷平均含量较高（大于 1000mg/kg）的河段主要集中在中游（JL-15 ~ JL-18、JL-20 ~ JL-24）。上游河段（JL-1 ~ JL-24）和中游偏下河段（JL-25 ~ JL-37）总磷含量均低于 1000mg/kg，下游河段（JL-38 ~ JL-49）总磷含量呈现高低浓度交替分布的特点。九龙河 A 层底泥总磷平均含量为 838.69mg/kg，B 层和 C 层底泥总磷平均含量较 A 层低，分别为 746.59mg/kg 和 852.43mg/kg。

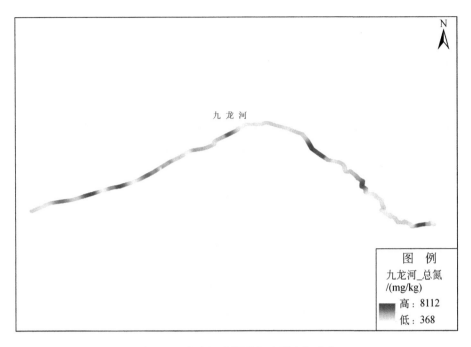

图 4-11　九龙河底泥总氮含量空间分布

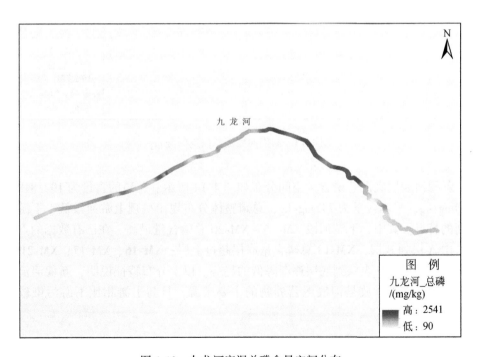

图 4-12　九龙河底泥总磷含量空间分布

（7）新穆河

新穆河表层底泥的总氮含量空间分布如图 4-13 所示。新穆河底泥中总氮的含量为 595~6152.74mg/kg，平均值为 3032mg/kg。在已有数据的点位中，由 A 层到 B 层，XM-13、XM-16、XM-17 总氮含量呈现出从表层到底层逐渐升高的趋势，但 XM-21 总氮含量底层超过表层。从整体来看，新穆河位于乡镇内，主要污染源为农业面源污染，总氮含量呈现高低浓度交替分布的特点。

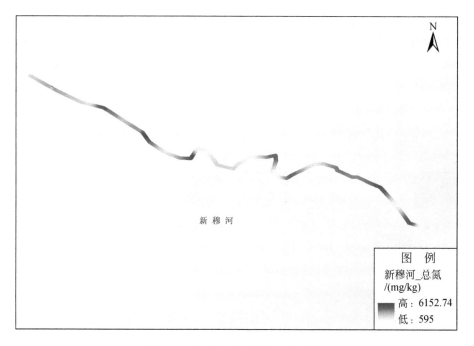

图 4-13　新穆河底泥总氮空间分布

新穆河表层底泥总磷含量空间分布如图 4-14 所示。总磷的含量为 192.818~1690mg/kg，平均含量为 747mg/kg，总磷整体分布规律呈现上游河段低、下游河段高的特点。其中，下游河段 XM-16~XM-20 总磷含量最高。在已有数据的点位中，由 A 层到 B 层，XM-13 总磷含量底层超过上层；XM-16、XM-17、XM-21 总磷含量均呈现出从表层到底层逐渐降低的趋势。以上分布特征说明，新穆河流域农村生活污染源排放是河底泥营养物的主要来源，且与上游相比下游污染较为严重。

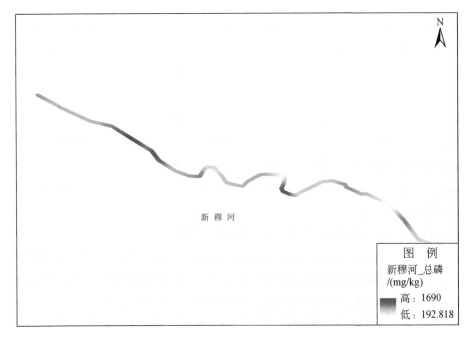

图 4-14　新穆河底泥总磷空间分布

4.1.2　底泥中氮、磷污染综合分析

黄泥河、南小河、新穆河、老背河、新开河、辉山明渠和九龙河表层底泥中总氮、总磷含量平均值如图 4-15 所示，7 条河流底泥中总氮含量排序为：新开河>新穆河>九龙河>南小河>老背河>黄泥河>辉山明渠，新开河底泥中总氮平均含量是 3116.9mg/kg，明显高于其余 6 条河流，辉山明渠的总氮含量相对较低。7 条河流表层底泥中总磷含量排序为：新开河>九龙河>老背河>辉山明渠>黄泥河>新穆河>南小河。总体来看，7 条表层河底泥中总氮和总磷相比较，新开河底泥中的总氮和总磷含量相对较高。纵向来看，辉山明渠和新开河总氮含量在 B 层较 A 层呈较高态势，南小河、老背河、黄泥河、九龙河和新穆河大部分点位的总氮含量由表层至底层呈递减趋势。新开河底泥中总磷含量的纵向变化相差较小，辉山明渠、南小河、老背河、黄泥河、九龙河和新穆河大部分点位的总磷含量由表层至底层呈递减趋势。

黄泥河、南小河、新穆河、老背河、新开河、辉山明渠和九龙河底泥中总氮平均含量分别为 1891mg/kg、2438.45mg/kg、3032mg/kg、2307mg/kg、3116.9mg/kg、

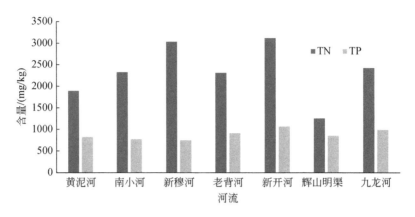

图 4-15　7 条河流底泥总氮、总磷含量平均值

1250.4mg/kg 和 2421mg/kg；总磷平均含量分别为 823mg/kg、745.07mg/kg、747mg/kg、911mg/kg、1066.2mg/kg、850.39mg/kg 和 989mg/kg。

新开河底泥中总氮和总磷含量相对较高。新开河中游地区底泥中总氮、总磷含量较高，下游地区总氮、总磷含量回落。新穆河总氮相对较高，总磷含量也在相对较低水平。综合测得数据以及现场调研情况，新穆河主要污染源为农业面源污染。

4.2　底泥重金属污染分布特征

4.2.1　各河流分布特征

沈阳市建成区 7 条重点河流表层底泥中，汞（Hg）、砷（As）、铅（Pb）、铜（Cu）、锌（Zn）、镍（Ni）、铬（Cr）和镉（Cd）8 种重金属含量如表 4-1 和图 4-16 所示。

表 4-1　7 条河流表层底泥中 8 种重金属的含量范围　　（单位：mg/kg）

河流名称	Hg	As	Pb	Cu	Zn	Ni	Cr	Cd
黄泥河	0.03 ~ 0.30	1.13 ~ 11.00	2.60 ~ 20.60	1.00 ~ 137.00	49.40 ~ 308.90	5.00 ~ 134.00	5.00 ~ 92.90	0.02 ~ 0.14
南小河	0.008 ~ 7.47	0.58 ~ 19.13	0.19 ~ 125.00	1.00 ~ 1030.00	0.50 ~ 924.10	4.70 ~ 226.00	5.00 ~ 344.00	0.01 ~ 19.73

续表

河流名称	Hg	As	Pb	Cu	Zn	Ni	Cr	Cd
新穆河	0.03 ~ 0.98	3.80 ~ 14.77	8.90 ~ 22.10	4.00 ~ 59.00	37.00 ~ 156.00	14.70 ~ 30.80	5.00 ~ 37.10	0 ~ 0.16
新开河	0.026 ~ 20.1	1.04 ~ 44.80	0.20 ~ 88.30	2.00 ~ 387.00	65.60 ~ 1940.00	3.00 ~ 104.00	22.00 ~ 213.00	0.01 ~ 3.31
老背河	0.08 ~ 0.88	3.00 ~ 5.81	10.60 ~ 25.00	9.00 ~ 94.20	59.10 ~ 282.00	<5.00 ~ 47.80	5.00 ~ 68.00	0.10 ~ 0.54
辉山明渠	0.39 ~ 12.61	8.52 ~ 18.57	18.80 ~ 140.78	<1.00 ~ 108.59	291.00 ~ 1382.70	10.00 ~ 31.00	<0.05 ~ 90.03	0.03 ~ 0.97
九龙河	0.04 ~ 0.95	2.90 ~ 22.60	1.60 ~ 42.80	2.80 ~ 4200.00	46.50 ~ 371.80	24.90 ~ 90.10	4.00 ~ 77.00	0.01 ~ 0.36

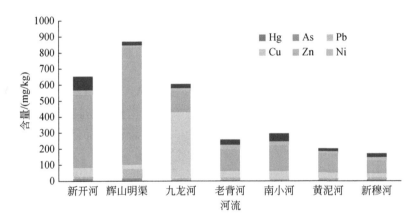

图 4-16　7 条河流表层底泥中 8 种重金属的含量

新开河、辉山明渠和九龙河河流底泥中重金属总含量相对较高。在这三条河流底泥中，Zn、Cu、Cr、Ni 和 Pb 的含量相对较高。三条河流底泥重金属含量排序为：辉山明渠>新开河>九龙河。Zn 在辉山明渠底泥中含量明显高于新开河和九龙河表层底泥中的含量，含量范围分别为 291.00 ~ 1382.70mg/kg、65.60 ~ 1940.00mg/kg 和 46.50 ~ 371.80mg/kg，平均值分别为 733.08mg/kg、456.46mg/kg 和 132.50mg/kg。Cu 在九龙河表层底泥中的含量明显高于新开河和辉山明渠表层底泥中的含量，含量范围分别为 2.80 ~ 4200.00mg/kg、2.00 ~ 387.00mg/kg 和 <1.00 ~ 108.59mg/kg，平均值分别为 413.20mg/kg、56.76mg/kg 和 28.17mg/kg。总体来说，辉山明渠大东段水体全河段汞含量相对偏高，其中中游段底泥中汞含

量最高。新开河各种重金属的含量在垂直上分布也不一致，底泥中锌、铜、砷和铅的分布表层含量大于中层，而镍、铬、汞和镉重金属中层含量大于表层，在底泥下部富集。九龙河、辉山明渠底泥中重金属含量从表层至底层累积现象不明显，这与周边社会环境发展有关。

老背河、南小河、黄泥河和新穆河底泥中的重金属含量如图 6-5 所示，这 5 条河流底泥中的 Zn、Cu、Cr 和 Ni 含量相对较高。重金属含量范围见表 4-1。南小河底泥重金属含量相对较高，由于河道流动性大，在大东区段，河流底泥重金属垂向分布无明显规律，重金属累积现象不明显。南小河底泥中 Zn、Cu、Cr 和 Ni 含量较高，含量分别为 0.50 ~ 924.10mg/kg、1.00 ~ 1030.00mg/kg、5.00 ~ 344.00mg/kg 和 4.70 ~ 226.00mg/kg，平均值分别为 159.63mg/kg、50.55mg/kg、47.40mg/kg 和 24.90mg/kg；老背河、黄泥河和新穆河底泥中的 Zn 含量分别为 59.10 ~ 282.00mg/kg、49.40 ~ 308.90mg/kg 和 37.00 ~ 156.00mg/kg，平均值分别为 135.14mg/kg、116.78mg/kg 和 79.92mg/kg。

4.2.2 底泥重金属分布特征综合分析

沈阳市建成区 7 条重点河流表层底泥中，Hg、As、Pb、Cu、Zn、Ni、Cr 和 Cd 8 种重金属含量如图 4-16 所示。新穆河重金属含量相对均较低，对照《土壤环境质量 农用地土壤污染风险管控标准（试行）》，新穆河所有河段重金属含量均不超标。

辉山明渠、南小河、黄泥河和九龙河大部分河段重金属含量 A 层略高于 B 层，底泥中重金属含量从表层至底层累积现象不明显；老背河 B 层河段重金属含量略高于 A 层重金属含量的点位主要有 LB-3 点位的 As、Cd，LB-5 点位的 Hg、Pb、Cr。除 LB-3、LB-5 外，其余点位重金属累积现象不明显，A、B 两层重金属含量相差并不大。新开河和新穆河底泥中，各种重金属的含量在垂直上分布也不一致。新开河底泥中 Zn、Cu、As 和 Pb 的分布 A 层含量大于 B 层，而 Ni、Cr、Hg 和 Cd 重金属 B 层含量大于 A 层，在底泥下部富集。新穆河底泥中 Hg、As、Zn、Cr、Cd 垂向分布 A 层大于 B 层，铅、铜、镍垂向分布 B 层大于 A 层。

Hg 在辉山明渠、新开河河流底泥中具有较高的含量，从表 4-1 得知，Hg 在辉山明渠、新开河河流采样点位的底泥中的含量范围较大，达到了较高的污染水平。

As 在新开河、九龙河和南小河河流底泥中含量较高，污染较为严重，九龙河部分点位底泥中的 As 存在超标风险。从表 4-1 得知，As 在新开河采样点位的底泥中含量范围较大，浓度范围为 1.04 ~ 44.80mg/kg。

Pb 在辉山明渠的河流底泥中体现了较为明显的累积现象。从表 4-1 得知，Pb 在辉山明渠和南小河采样点位的底泥中含量范围较大，分别为 18.80 ~ 140.78mg/kg 和 0.19 ~ 125.00mg/kg。

Cu 在多数点位超过背景值，存在铜超标的风险。从表 4-1 得知，Cu 在九龙河、南小河采样点位的底泥中含量范围较大，分别为 2.80 ~ 4200.00mg/kg 和 1.00 ~ 1030.00mg/kg。

Zn 在辉山明渠和新开河底泥中含量较高。在新开河底泥中，8 种重金属其中 Zn 含量最高，新开河底泥重金属具有极高的生态风险。从表 4-1 得知，Zn 在新开河和辉山明渠采样点位的底泥中含量分别为 65.60 ~ 1940.00mg/kg 和 291.00 ~ 1382.70mg/kg。

Ni 在老背河底泥中的含量最低明显低于其他河流。老背河 LB-1 ~ LB-12 点位的 Ni 含量均低于《土壤环境质量农用地土壤污染风险管控标准（试行）》中的 $5.5 < pH \le 7.5$ 时 Ni（70mg/kg）的农用地土壤污染风险筛选值。从表 4-1 得知，Ni 在南小河和黄泥河采样点位的底泥中含量范围较大，分别为 4.70 ~ 226.00mg/kg 和 5.00 ~ 134.00mg/kg。

Cr 在南小河底泥中的含量明显高于其他河流，新开河底泥中 Cr 平均值为 83.83mg/kg，低于 A 级污染物限值（500mg/kg）。从表 4-1 得知，Cr 在南小河采样点位的底泥中含量范围较大，为 5.00 ~ 344.00mg/kg。

4.3 底泥有机毒害物污染分布特征

4.3.1 各河流分布特征

（1）黄泥河

黄泥河底泥中多氯联苯、六六六、DDT、有机磷含量均较低，结果显示，黄泥河受上述有毒有害污染程度较轻。多环芳烃中菲、芘、苯并［k］荧蒽在大部分检测点位均能检出，且含量较高，是黄泥河污染最为显著的多环芳烃类物质。

（2）南小河

南小河大东区底泥多氯联苯分布种类较少，未受该类物质污染。南小河底泥中有机磷农药、o, p'-DDT 和 p, p'-DDT 的含量均低于检出限，底泥基本未受到有机磷农药和两种 DDT 农药的污染。萘、苊烯、苊、芴、菲、蒽、荧蒽、芘、苯并［a］蒽、䓛、苯并［k］荧蒽、苯并［a］芘、二苯并［a，h］蒽、苯并（g,h,i）芘、茚并［1,2,3-cd］芘这些物质除了少数点位出现异常外，大部分点位的含量均较低（<5μg/kg）。苯并［b］荧蒽在各检测点位中含量最高，部分点位超过 10 000μg/kg，是南小河底泥污染最为严重的多环芳烃类物质。

（3）新穆河

新穆河部分点位底泥 18 种多氯联苯的检测结果显示，多氯联苯分布种类较少，检测样品中多氯联苯含量均低于 0.6μg/kg，河流受该类物质污染程度较轻。对新穆河部分点位底泥 16 种多环芳烃含量的检测结果显示，菲、荧蒽、芘、䓛、苯并（h，i）芘、苯并［b］荧蒽在大部分检测点位均能检出，且含量较高，其中苯并［b］荧蒽在各检测点位中含量最高，部分点位超过 10 000ng/g，是新穆河底泥污染最为显著的多环芳烃类物质。点位 XH-1、XH-12、XH-19、XH-27、XH-33、XH-46、XH-52、XH-56、XH-61、XH-66 的多环芳烃含量相对较高，各类多环芳烃物质的总含量超过 2000ng/g，相应河段底泥多环芳烃污染较为严重。

（4）新开河

新开河选取的检测点位底泥检测结果显示，底泥基本未受到多氯联苯物质、有机磷农药和 o，p′-DDT、p，p′-DDT 两种 DDT 农药的污染。

（5）老背河

老背河底泥中多氯联苯含量较低，受该类物质污染程度较轻；各类农药物质总体含量偏低；多环芳烃中苊烯、蒽、二苯并［a，h］蒽、苯并（g，h，i）芘的含量均较低，LBH-12 点位苯并［a］蒽、苯并［a］芘的含量超过 100μg/kg，萘、苊、芴、菲、荧蒽、芘、苯并［a］蒽、䓛、苯并［b］荧蒽、苯并［k］荧蒽、苯并［a］芘、茚并［1,2,3-cd］芘在大部分检测点位均能检出，且含量较高。其中，LBH-7 点位芘、苯并［b］荧蒽含量最高，超过 3000μg/kg，该河段多环芳烃污染较为严重。

（6）辉山明渠

辉山明渠河段的 HSMQ-6 点位的底泥基本未受到多氯联苯物质、有机磷农药、o，p′-DDT 和 p，p′-DDT 农药的污染。p，p′-DDD 仅在 HSMQ-1 点位表层中存在，且浓度较低，底泥受该物质污染很小。p，p′-DDE 均有检出，但含量较少，在 HSMQ-1 点位的分层底泥中，p，p′-DDE 浓度在垂向上从上层至下层逐渐递减。4种六六六物质（α、β、γ、δ-BHC）在检测点位中均有检出，但是含量较低。HSMQ-1点位分层检测显示，底泥中4种六六六物质（α、β、γ、δ-BHC）在垂向逐渐增加，但是浓度含量依然较低。多环芳烃仅荧蒽、䓛、苯并［b］荧蒽和苯并（g，h，i）芘4种物质有检出。荧蒽和䓛仅在HSMQ-4点位有检出，含量分别为283μg/kg和309μg/kg；苯并（g，h，i）芘仅在HSMQ-6点位有检出，含量为129μg/kg。苯并［b］荧蒽在各个点位均有检出，HSMQ-4点位浓度最高为8×10³μg/kg，HSMQ-1点位浓度最低为2.45×10³μg/kg，HSMQ-1点位分层检测显示，底泥中该物质在垂向逐渐增加。

（7）九龙河

九龙河底泥中多氯联苯含量较低，受该类物质污染程度较轻；各类农药物质总体含量偏低；茚并［1，2，3-cd］芘、苯并［k］荧蒽、苯并［a］蒽、荧蒽、菲、芴在大部分检测点位均能检出，且含量较高，菲、苯并［k］荧蒽的尤为突出，是九龙河底泥污染最为严重的多环芳烃类物质。

4.3.2 有机毒害物分布特征综合分析

对黄泥河、南小河、新穆河、老背河、新开河、辉山明渠和九龙河7条河流部分点位底泥中的18种多氯联苯含量进行了检测。采样点位底泥中的多氯联苯全部低于检出限，表明7条河流底泥基本未受到多氯联苯物质的污染。

7条河流底泥受到有机磷、有机氯农药的污染程度存在差异。黄泥河底泥中六六六和DDT含量均低于检出限，说明黄泥河底泥受该类物质污染程度较轻。南小河DDT农药检测结果显示，DDT农药含量低于检出限，该点位底泥基本未受到DDT农药的污染。新开河、辉山明渠、老背河、九龙河和新穆河部分点位底泥中六六六、DDT等有机氯农药虽有检出，但含量极低，总量远低于《土壤环境质量 农用地土壤污染风险管控标准（试行）》（GB 15618—2018）的关于六六六总量、DDT总量的风险筛选值（0.1mg/kg），同样也远低于《土壤环境质量 建设用地土壤污染风险管控标准（试行）》（GB 36600—2018）中有机农药类关于第一类用地的筛选值（>0.1mg/kg），含量均未超过土壤环境质量标准。南小河、新开河、辉山明渠、老背河、新穆河、黄泥河和九龙河底泥中有机磷农药未检出，表明这7条河流底泥基本未受到有机磷农药的污染。

7条河流部分点位底泥中16种多环芳烃含量检测结果显示，多环芳烃中菲在黄泥河大部分检测点位均能检出，且含量较高，是黄泥河污染最为严重的多环芳烃类物质；多环芳烃中苯并［k］荧蒽在九龙河、黄泥河、新穆河底泥中含量较高，是上述河流污染最为严重的多环芳烃类物质；多环芳烃中苯并［b］荧蒽在辉山明渠、南小河、新开河、新穆河底泥中含量较高，是上述河流污染最为严重的多环芳烃类物质；多环芳烃中芘在黄泥河大部分底泥检测点位均能检出，且含量较高，是黄泥河污染最为显著的多环芳烃类物质。老背河底泥中多环芳烃污染较为严重，萘、苊、芴、菲、荧蒽、芘、苯并［a］蒽、䓛、苯并［b］荧蒽、苯并［k］荧蒽、苯并［a］芘、茚并［1,2,3-cd］芘在大部分检测点位均能检出，且含量较高。其中，LB-7点位芘、苯并［b］荧蒽含量最高，超过3000μg/kg，该河段多环芳烃污染较为严重。

第五章 重点河流水体底泥污染状况评估

5.1 底泥氮、磷污染状况评估

5.1.1 各河流评估

对辉山明渠、新开河、南小河、老背河、黄泥河、九龙河、新穆河7条河流部分底泥样品进行氮、磷吸附–解吸实验，以《地表水环境质量标准》（GB 3838—2002）规定的V类水质氨氮浓度（2.0mg/L）和总磷浓度（0.4mg/L）为目标，确定每个河流的总氮和总磷的控制值。

辉山明渠底泥总氮控制值为1330mg/kg，总磷控制值为760mg/kg。与底泥中总氮和总磷检测浓度对比分析得出，辉山明渠底泥总磷污染更为严重。综合总氮、总磷污染情况分析，辉山明渠（大东段）HSMQ-1～HSMQ-5点位河段底泥受到了氮磷的污染，其中HSMQ-5点位仅表层底泥受到氮磷污染。

新开河底泥总氮控制值为1110mg/kg，总磷控制值为880mg/kg。新开河底泥总氮、总磷平均含量超过控制值的点位所占比例较大，表明底泥中总氮、总磷污染较为严重。

南小河底泥总氮控制值为1220mg/kg，总磷控制值为900mg/kg。对底泥中的总氮和总磷检测浓度对比分析得出，南小河底泥中总氮污染更为严重，超过总氮控制值的点位较多，在河流的上、中、下游都有所分布，但主要集中于中游。

老背河底泥总氮控制值为1081mg/kg，总磷控制值为840mg/kg。老背河A层点位底泥氮磷含量普遍高于控制值，主要污染河段为中下游段。老背河上游段总氮污染层平均厚度为24cm，总磷污染层平均厚度为24cm；中游段总氮污染层平均厚度为33cm，总磷污染层平均厚度为24cm；下游段总氮污染层平均厚度为21cm，总磷污染层平均厚度为10cm。

黄泥河底泥总氮、总磷控制值分别为1080mg/kg和830mg/kg。黄泥河底泥总磷平均含量超过控制值的点位数少于总氮平均含量超过控制值的点位数，说明黄泥河底泥总氮污染状况相对总磷污染更为严重。从总氮分布规律来看，HNH-2~HNH-4检测点位之间的上游河段和HNH-18~HNH-23的下游河段底泥中总氮含量相对较高，HNH-18~HNH-22点位所处河段底泥总磷含量高于其他点位。

九龙河底泥总氮控制值为1230mg/kg，总磷控制值为950mg/kg。九龙河A层点位底泥氮磷含量普遍高于控制值，主要污染河段为中下游段。九龙河上游段污染层平均厚度为40.56cm；中游段污染层平均厚度为26.77cm；下游段污染层平均厚度为30.41cm。总体来看，九龙河底泥总磷平均含量超过控制值的点位数少于总氮平均含量超过控制值的点位数，底泥总氮污染状况相对总磷污染更为严重。

新穆河底泥总氮控制值为1100mg/kg，总磷控制值为910mg/kg。新穆河A层底泥氮磷含量高于控制值的河段主要集中在中下游段（XM-17~XM-20）。A层点位底泥总氮含量高于控制值的点位占总点位的70%以上，下游段点位全部高于控制值；总磷含量普遍低于控制值，高于控制值的点位主要集中在中下游段。

5.1.2 河流综合评估

7条重点河流底泥中的总氮、总磷含量及其污染控制值如表5-1所示，综合比较得出，辉山明渠底泥的平均总磷含量超过总磷控制值的点位数多于平均总氮含量超过总氮控制值的点位数，说明辉山明渠底泥中总磷污染状况相对总氮污染更为严重，底泥中总磷含量超过总磷控制值的点位占比分别为50%和74%。辉山明渠、新开河和老背河三条河流底泥中平均总磷含量超过总磷控制值点位比例大于50%。

新开河、南小河、老背河、黄泥河、九龙河和新穆河底泥中平均总氮含量超过总氮控制值的点位所占比例较大，表明这6条河流底泥总氮污染状况相对总磷污染更为严重。新开河、南小河、老背河、黄泥河、九龙河和新穆河6条河流底泥中平均总氮含量超过总氮控制值点位比例大于50%。新开河底泥中平均总氮、总磷含量超过总氮、总磷控制值的点位所占比例较大，分别为86%和78%，7条河流中，新开河底泥中总氮、总磷污染均较为严重。

表5-1 7条河流氮、磷控制值

河流名称	总氮控制值/（mg/kg）	超过总氮控制值点位占比/%	总磷控制值/（mg/kg）	超过总磷控制值点位占比/%
辉山明渠	1330	25	760	50
新开河	1110	86	880	78

续表

河流名称	总氮控制值/ （mg/kg）	超过总氮控制值 点位占比/%	总磷控制值/ （mg/kg）	超过总磷控制 值点位占比/%
南小河	1220	52	900	28
老背河	1081	83	840	67
黄泥河	1080	56	830	43
九龙河	1230	63	950	45
新穆河	1100	76	910	36

5.2　底泥重金属污染潜在生态环境风险评估

5.2.1　各河流评估

根据前文 2.7 节所述方法进行建成区重点河流底泥重金属污染潜在生态环境风险评估。

辉山明渠表层（0～20cm）底泥重金属潜在生态环境风险评估结果如图 5-1

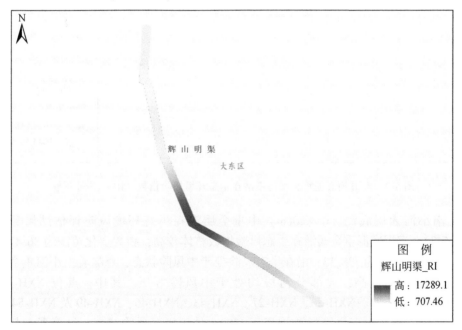

图 5-1　辉山明渠底泥重金属污染潜在生态环境风险指数（RI）空间分布

所示，重金属潜在生态风险指数整体上较高，指数变化范围为 707.46 ～
17 298.10。整体上，辉山明渠大东段重金属的潜在生态风险处于高风险水平，
中上游段的潜在生态风险指数极高，这意味着这部分河段重金属的潜在生态风险
极高。

新开河表层（0～20cm）底泥重金属污染潜在生态环境风险指数空间分布如
图 5-2 所示。新开河底泥中 8 种重金属中只有 Hg 在所有点位都属于高水平污染；
新开河中的 As、Pb、Cu、Ni、Cr 基本处于低水平污染；Zn 和 Cd 基本处于中等
或接近低污染水平。新开河的重金属潜在生态风险指数整体上较高，指数变化范
围为 1047.73～19 342.18，平均值为 3785.84，意味着新开河重金属的潜在生态
风险极高。

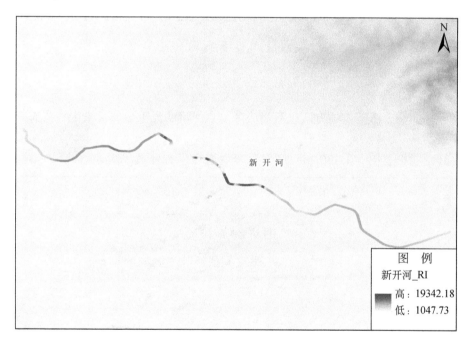

图 5-2　新开河底泥重金属污染潜在生态环境风险指数（RI）空间分布

南小河表层底泥（0～20cm）中重金属潜在生态环境风险评估结果显示
（图 5-3），表层底泥重金属潜在生态风险指数整体较高，指数变化范围为 36.47～
3311.61，平均值为 738.13，潜在生态风险处于中风险状态，意味着南小河重金属
的潜在生态风险高，大部分河段均处于中风险等级。其中，点位 NXH-12、
NXH-19、NXH-21、NXH-26、NXH-27、NXH-43、NXH-46、NXH-49 及 NXH-54 河
段的重金属潜在生态风险指数均高于 1200，处于极高风险状态，显著高于其他
河段。

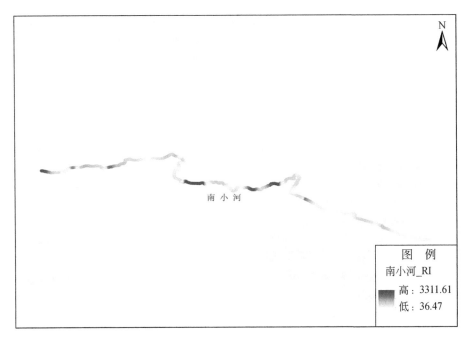

图 5-3　南小河底泥重金属污染潜在生态环境风险指数（RI）空间分布

老背河表层（0~20cm）底泥重金属污染潜在生态环境风险指数空间分布如图 5-4 所示。老背河 LBH-1~LBH-12 点位表层底泥中 8 种重金属综合潜在生态风险指数变化范围为 182.945~1243.37，LB-3、LB-9、LB-10 点位的 8 种重金属潜在生态风险指数高于 300，处于高生态风险状态。其中，A 层点位中，LB-3、LB-9、LB-10 点位 8 种重金属的潜在生态风险指数超出高风险标准线，LB-3 点位风险指数最高。

黄泥河表层（0~20cm）底泥重金属污染潜在生态环境风险指数空间分布如图 5-5 所示。评估黄泥河底泥重金属污染潜在生态环境风险，发现重金属除 Hg 外，As、Pb、Cu、Zn、Ni、Cr、Cd 等 7 种重金属的单一污染物潜在生态风险均处于低风险水平。黄泥河的重金属潜在生态风险指数整体上较低，指数变化范围为 54.840~281.750mg/kg，重金属潜在生态风险处于中等风险水平以下，中上游河段（HNH-6~HNH-11）及下游 HNH-21 点位的重金属潜在生态风险较其他河段略高。总体上，黄泥河重金属的潜在生态风险较低。

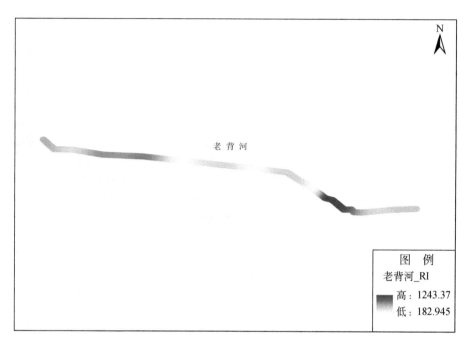

图 5-4　老背河底泥重金属污染潜在生态环境风险指数（RI）空间分布

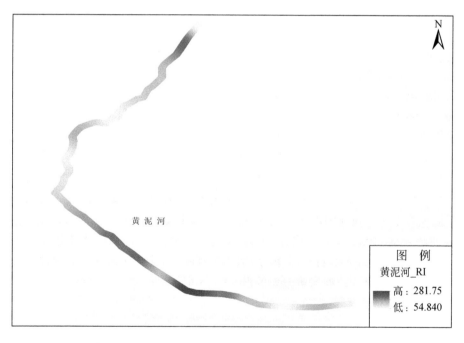

图 5-5　黄泥河底泥重金属污染潜在生态环境风险指数（RI）空间分布

九龙河表层（0~20cm）底泥重金属污染潜在生态环境风险指数空间分布如图5-6所示。九龙河大部分点位的8种重金属的单一污染物潜在生态风险处于较低水平，但少部分点位中 Hg 和 Cu 单一污染物潜在生态风险系数超过80mg/kg，处于较高风险状态，个别点位甚至处于很高风险状态。生态风险指数变化范围为67.06~1434.34，其中，A 层点位中 JL-3、JL-6、JL-13、JL-16、JL-17、JL-19、JL-20、JL-21、JL-24、JL-34、JL-39、JL-46 点位的8种重金属的潜在生态风险指数超出高风险标准线（RI>300）；B 层点位中，JL-21 点位8种重金属的潜在生态风险指数超出高风险标准线。JL-21 点位 A、B 两层重金属均处于高风险水平。

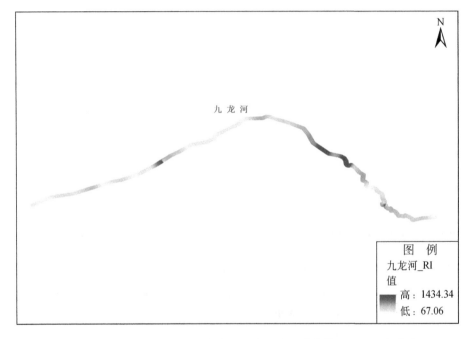

图5-6　九龙河底泥重金属污染潜在生态环境风险指数（RI）空间分布

新穆河表层（0~20cm）底泥重金属污染潜在生态环境风险指数空间分布如图5-7所示。新穆表层层底泥8种重金属单一污染物污染指数大部分低于较高污染标准线，个别采样点如 XM-2、XM-5、XM-14、XM-16、XM-20 中 Hg 的污染指数高于污染标准线，特别是 XM-14 点位，Hg 的污染源指数为19.56，处于很高污染水平（$C_f^i \geqslant 6$mg/kg）。新穆河 A 层底泥的重金属潜在生态风险整体上较低，指数变化范围为61.11~824.25，XM-14 点位潜在生态风险指数>300，属于高风险点位，即该采样点重金属的潜在生态风险极高。

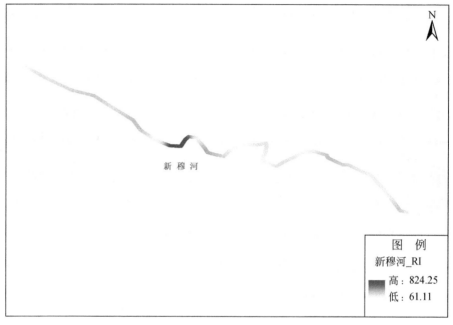

图 5-7 新穆河底泥重金属污染潜在生态环境风险指数（RI）空间分布

5.2.2 河流综合评估

综合分析沈阳市建成区 7 条重点河流底泥重金属潜在生态风险可知，黄泥河、南小河、新穆河、老背河、新开河、辉山明渠和九龙河 7 条河流中 8 种重金属中 Hg 的污染物潜在生态风险处于较高水平，老背河部分河段底泥中 Cd 的潜在生态风险较高，处于中等风险以上水平（表5-2）。

表 5-2　7 条河流表层底泥重金属潜在生态风险指数（RI）范围

河流名称	RI 值变化范围
辉山明渠（大东段）	375. 95 ~ 10 327. 62
新开河	1 047. 73 ~ 19 342. 18
南小河	36. 47 ~ 3 311. 6
老背河	114. 81 ~ 745. 21
黄泥河	56. 66 ~ 281. 75
九龙河	66. 5 ~ 1 434. 95
新穆河	60 ~ 824. 5

辉山明渠、新开河、南小河、老背河、黄泥河、九龙河和新穆河表层底泥（0～20cm）重金属潜在生态风险指数范围见表5-3所示，辉山明渠和新开河细河底泥重金属潜在生态风险指数整体较高，大部分河段均处于高风险等级，RI值变化范围较大，分别为375.95～10 327.62、1047.73～19 342.18。对辉山明渠、新开河底泥中8种重金属的单一污染物污染情况分析可知，辉山明渠（大东段）底泥中Hg、Zn的污染程度较其他元素重。Hg在新开河所有点位都是高风险污染元素；新开河中的As、Pb、Cu、Ni、Cr基本处于低水平污染；Zn和Cr基本处于中等或接近低污染水平。

南小河大东区段和九龙河大部分底泥重金属生态风险处于中风险水平及以上，少数点位处于极高风险水平，RI值变化范围较大，分别为36.47～3311.6和66.5～1434.95。对两条河流底泥中8种重金属的单一污染物污染情况分析可知，南小河大东区段大部分点位的Hg和As处于很高污染水平；底泥中Cu和Zn的含量在部分点位达到了很高污染水平；大部分点位底泥中Pb、As、Ni、Cd的含量处于低污染水平。九龙河大部分点位8种重金属单一污染物污染系数均处于较低水平，部分点位的Hg或Cu重金属的单一污染物污染系数均高于3，处于较高污染水平。

老背河、黄泥河和新穆河底泥潜在重金属生态风险整体上处于中低风险水平，RI值变化范围较大，分别为114.81～745.21、56.66～281.75和60～824.5。对三条河流底泥中8种重金属的单一污染物污染情况分析可知，老背河底泥中50%的点位Hg、17%的点位Zn和8.3%的点位Cd单一污染物处于较高污染水平；黄泥河底泥中As、Pb、Cr、Cd等4种重金属单一污染基本处于低污染水平，个别点位底泥中Hg、Cu、Zn处于中等污染或较高污染水平；新穆河层底泥中8种重金属单一污染物污染系数大部分处于低污染水平，有20%的点位底泥中汞的污染系数高于污染标准线。

5.3 底泥有毒有害污染潜在生态环境风险评估

5.3.1 各河流评估

通过测定各河流底泥多氯联苯和多环芳烃含量，采用2.7.3小节方法，开展7条河流底泥有毒有害有机污染物风险评估。黄泥河、南小河、新穆河、新开河、老背河、辉山明渠（大东段）和九龙河，这些河流的多氯联苯和多环芳烃含量检测结果见附表1～14。

黄泥河底泥有毒有害污染物潜在生态风险评估结果显示，底泥中除芴、苯并[b]荧蒽、苯并[k]荧蒽、茚并[1,2,3-cd]芘可能偶尔产生生态风险外，其余多氯联苯类和多环芳烃类有毒有害污染物的生态风险较低。

通过对南小河底泥中有毒有害污染潜在生态风险评估发现，所有采样点位的多氯联苯总含量均低于 ERL 值（22.7μg/g），这说明南小河底泥中多氯联苯的生态风险较低。所有检测点位中萘、苊烯、菲、蒽、苯并（a）蒽的含量均低于相应的 ERL 值，生态风险较低。点位 NXH-1 中的荧蒽、芘和䓛含量，NXH-9 中的苊和荧蒽含量，NXH-15 中的荧蒽、䓛含量超过 ERL 值，但低于 ERM 值，存在生态风险。NXH-9 中的苊含量，NXH-41 的二苯并[a,h]蒽含量超过 ERM 值，存在较大的生态风险。苯并[k]荧蒽、苯并（g，h，i）苝和茚并[1,2,3-cd]芘在所有点位含量较低，因而这三种物质不存在生态风险。但苯并[b]荧蒽在除 NXH-19、NXH-24、NXH-31、NXH-36、NXH-41、NXH-47 以外的所有点位均含量较高，存在较大的生态风险。

根据新穆河各采样点位底泥多氯联苯含量检测结果，新穆河所有采样点位的多氯联苯总含量均低于 ERL 值（见2.7.3节），说明新穆河底泥多氯联苯的生态风险较低。参考美国环境保护署关于河流沉积物中多环芳烃的 SQC 评价方法，对新穆河底泥多环芳烃的生态风险进行评估，结果显示萘、苊烯、苊、菲、蒽、荧蒽、芘、苯并（a）蒽、䓛、苯并（a）芘、二苯并[a,h]蒽的含量均低于表 2-6 中相应的 ERL 值，说明这 11 种多环芳烃物质的生态风险较低；XM-1、XM-9、XM-13 点位的底泥中芴含量超过 ERL 值，但低于 ERM 值，说明偶尔存在生态风险。

新开河各采样点位底泥多氯联苯含量检测结果显示，所有采样点位的多氯联苯总含量均低于 ERL 值，说明新开河底泥中多氯联苯的生态风险较低。苯并[b]荧蒽、苯并[k]荧蒽、苯并（g，h，i）苝和茚并[1,2,3-cd]芘在环境中存在就有一定风险，在新开河的所有检测的点位中，都存在一定的苯并[b]荧蒽，最低的有 19μg/kg，最高可达 9860μg/kg，由于该污染物普遍在新开河底泥中，表明新开河底泥有极高的生态风险。

根据老背河各采样点位底泥中有毒有害污染物的检测结果，老背河所有采样点位的多氯联苯总含量均低于 ERL 值（表 2-6），说明老背河底泥多氯联苯的生态风险较低。各检测点位中萘、蒽、二苯并[a,h]蒽的含量均低于 ERL 值，说明这三种多环芳烃物质的生态风险较低；LB-1、LB-7、LB-12 点位的芴超过 ERL 值，但低于 ERM 值（表 2-6），说明偶尔存在生态风险；LB-7 的芘含量超过 ERM 值，存在较大的生态风险；苯并[b]荧蒽在 LB-7 含量较高，存在较大的生态风险。

根据辉山明渠大东段各采样点位底泥中有毒有害污染物的检测结果,所有采样点位的多氯联苯总含量均低于 ERL 值(表 2-6),说明辉山明渠大东段底泥中多氯联苯的生态风险较低。苯并(g,h,i)芘在 HSMQ-6 点位存在一定的生态风险,苯并[b]荧蒽在所有点位均存在一定的生态风险。

根据九龙河各采样点位底泥中有毒有害污染物的检测结果,所有检测点位中萘、蒽、菲、苊烯、荧蒽、二苯并[a,h]蒽、苯并(a)蒽、苯并(a)芘、蒀的含量均低于相应的 ERL 值(表 2-6),说明这 9 种多环芳烃物质的生态风险较低;JL-5、JL-15、JL-21、JL-23、JL-29、JL-39 点位的底泥中苊的含量,JL-1、JL-4、JL-8、JL-17、JL-26、JL-33、JL-45、JL-47 点位的底泥中芴含量,JL-47 点位的底泥中芘含量超过 ERL 值,但低于 ERM 值,存在生态风险。

5.3.2 河流综合评估

根据新开河、南小河、新穆河、老背河、辉山明渠、九龙河和黄泥河 7 条河流采样点位底泥多氯联苯含量检测结果,所有采样点位的多氯联苯总含量均低于 ERL 值,说明在沈阳市建成区 7 条重点河流底泥中多氯联苯类有毒有害污染物的生态风险较低。

沈阳市建成区 7 条重点河流底泥中多环芳烃潜在生态风险评估结果见表 5-3。在黄泥河、南小河、新开河、老背河、辉山明渠和新穆河底泥中都检测到苯并[b]荧蒽的存在。多环芳烃污染物普遍存在于新开河和辉山明渠底泥中,且在所有检测点位都存在一定量的苯并[b]荧蒽,表明新开河和辉山明渠底泥有极高的生态风险。南小河大部分点位底泥中苯并[b]荧蒽含量较高,存在较大的生态风险。苊烯在新开河部分点位底泥中具有偶尔甚至较大的生态风险,苊在南小河、老背河和九龙河部分点位底泥中具有偶尔甚至较大的生态风险,芴在黄泥河、新穆河、老背河和九龙河部分点位底泥中存在偶尔生态风险,荧蒽在南小河、新开河部分点位底泥中存在偶尔生态风险,芘在南小河、新开河和老背河部分点位底泥中具有偶尔甚至较大的生态风险。

表 5-3 沈阳市建成区 7 条重点河流底泥中多环芳烃潜在生态风险评估

多环芳烃	黄泥河	南小河	新开河	老背河	辉山明渠	九龙河	新穆河
萘	1	1	0	1	0	1	1
苊烯	1	1	2、3	0	0	1	1
苊	1	2、3	0	2	0	2	1
芴	2	0	0	2	0	2	2

续表

多环芳烃	黄泥河	南小河	新开河	老背河	辉山明渠	九龙河	新穆河
菲	1	1	2	0	0	1	1
蒽	1	1	0	1	0	1	1
荧蒽	1	2	2	0	1	1	1
芘	1	2	2	3	0	2	1
苯并（a）蒽	1	1	3	0	0	1	1
䓛	1	2	2	0	1	1	1
苯并（a）芘	1	0	0	0	0	1	1
二苯并［a，h］蒽	1	3	0	1	0	1	1
苯并［k］荧蒽	4	4	4	0	0	0	4
茚并［1,2,3-cd］芘	4	0	4	0	0	0	4
苯并(g,h,i)芘	4	0	4	0	4	0	0
苯并［b］荧蒽	4	4	4	4	4	0	4

注：0 代表不存在生态风险；1 代表存在低的生态风险（含量低于相应的 ERL 值）；2 代表存在偶尔生态风险（含量超过 ERL 值，但低于 ERM 值）；3 代表存在较大生态风险（含量超过 ERM 值）；4 代表底泥中存在苯并［k］荧蒽、茚并［1,2,3-cd］芘、苯并(g,h,i)芘、苯并［b］荧蒽。

|第六章| 典型河流基本性状及底泥营养盐分布特征

6.1 典型河流概况

6.1.1 满堂河

（1）基本情况

满堂河是沈阳东部水系的一条重要的天然河流，为浑河的一级支流，发源于满堂乡上木村，位于满堂乡中部沟川境内，自东北流向西南，河道蜿蜒曲折，流经东陵景观路马官桥断面后，与新开河交汇，在榆树屯进入浑河。河道总长约25km，流域面积62.73km²，流域上游多为低山丘陵区。山梨河是满堂河的较大支流，由金家屯处右岸汇入。满堂河共有大小弯道60余处，河道比降陡。上游河道为窄深式，流速大，河道冲刷严重，下游河道为宽浅式。满堂河属于明显的季节性河流，平时无水或水量很小，仅在雨季具有较大的径流量，而汛期遇暴雨则易发生洪涝灾害。满堂河枯水期来水主要为污水处理厂尾水。流域下游设有控制站东陵水文站。枯水期流量约为2.4m³/s。

满堂河流经浑南和沈河两个行政区。其中，上游段为浑南区段，长15.50km，下游段沈河区段长9.608km。在下游沈河区段中，新开河共用段0.56km，三环至入新开河河口长6.1km，新开河至浑河滩地段2.948km。满堂河城区段河槽上开口宽度8～35m，河道平均比降为1.2‰，最大河道比降为3.25‰，最小河道比降为0.26‰。

（2）环境现状

满堂河为明渠，黑臭段汇水区域内主要有沈阳农业大学及沈阳市农业科学院等单位，东侧为三环，西侧为马宋公路、金家街、沈水路。三环桥至山梨河口右岸紧邻铁路，左岸为现状农用地。山梨河口至古井桥右岸紧邻沈阳市农业科学院，左岸为村屯及沈阳农业大学土地。古井桥至东陵路桥右岸为现状公园，中间为樱花岛，左岸为沈阳农业大学植物园。东陵路桥至新开河交汇处，右岸为沈水路，下游紧邻沈阳市满堂河污水处理厂，左岸为大庙子拆迁区。河道两岸小区建筑群为高层建筑，村屯建筑群为一层、二层建筑。

满堂河河道曲折蜿蜒，每到汛期行洪时水土流失严重。2015 年，沈阳市在开展黑臭水体整治前，满堂河水质情况较差，相关水质指标如透明度、溶解氧（DO）、氧化还原电位（ORP）和氨氮（NH$_3$-N）等均劣于《城市黑臭水体整治工作指南》中的重度黑臭标准，列入全国黑臭水体整治清单，并成为重点挂牌督办水体。

满堂河在开展整治前，全线两侧缺少污水截流管线，沿线村屯、工业企业、棚户区等污水直接排入明渠，沿线村屯旱厕粪便、生活垃圾等或直接排入明渠，或通过雨水汇入明渠，造成满堂河水质污染、周边环境恶化。经调查，满堂河沿线存在多个排污口，满堂河（三环外至新开河段）沿线共存在 6 处污水直排口，分别为富友家园、农贸市场、农大北生活区、农大南生活区、保利达回迁楼和农大生活排污口。在整治前，由于附近村屯垃圾倾倒和多年生活污水的排放及自然沉积，河道底部聚积了大量淤泥、垃圾、植物残体等，增加了河道的内源污染，缩窄了河道断面，导致天气炎热时散发出难闻的刺鼻气味。

满堂河沿线有一座污水处理厂，位于新开河北侧，主要处理上游地区的污水。沈阳市满堂河污水处理厂处理能力 12 000t/d，在提标改造前，尾水执行《城镇污水处理厂污染物排放标准》（GB 18918—2002）二级排放标准，2019 年提标改造至出水优于《城镇污水处理厂污染物排放标准》（GB 18918—2002）一级 A 排放标准。污水处理厂的尾水达到排放标准后作为景观补水补充至满堂河河道内。

2017 年，沈阳市通过采取新建截流管线、污水处理厂提标改造、内源污染治理、垃圾清理等措施开展满堂河环境污染综合整治工作。整治后，满堂河水质得以改善。2018 年 11 月经现场调查，满堂河沿岸未发现污水直排现象，河道内及河岸两侧垃圾均已清理。但是，满堂河仍存在水质不稳定、底泥淤积等问题。

（3）水质目标

根据《沈阳市水污染防治工作实施方案》（2016-2020 年）要求，2016 年年底前，满堂河基本消灭黑臭水体，2020 年年底前，完成全部治理工作，满堂河消灭黑臭水体。满堂河马官桥及榆树苗圃吊桥断面 2017 年水质考核目标为消除黑臭，2020 年水质考核目标为地表水 V 类。

6.1.2 细河

（1）基本情况

细河是浑河的一级支流，也是一条承泄城市雨水、农田涝水和市政污水处理厂尾水的平原排水河道，起源于卫工明渠进水闸，由东北向西南流经皇姑区、于洪区、铁西区，在辽中区茨榆坨镇黄腊坨北村汇入浑河，河流全长78.2km，流域面积244.8km²。

卫工明渠进水闸至揽军路则为卫工明渠段，河长7.7km；下游穿越吉力湖街、大通湖街、南阳湖街、三环高速，为细河于洪段，河长6.6km；细河于三环高速下游100m处与浑蒲灌区总干交汇，总干渠通过余良倒虹穿越细河，该处建有一座细河进水闸和一座防洪闸，细河上游部分来水通过进水闸排向下游（最大下泄流量25m³/s），其余来水通过防洪闸直接排入浑河。下游河段主要流经沈阳铁西区，在城区段河道两岸建有大中型企业及多个工业产业园区，流经的主要街道和村镇有翟家街道、大潘镇、彰驿镇、新民屯镇、长滩镇，河长63.9km。

（2）环境现状

2017年1月，按照沈阳市建委的统一部署，细河铁西段（三环桥–四环桥）黑臭水体治理工程开始实施，并且在2017年完成该段的清淤和生态护岸建设工作，2018年完成该段的其他治理工作，总长度8.9km。细河自四环桥以上的河段已完成黑臭水体综合治理。

截至2018年，细河自四环桥以下的河段尚未开展黑臭水体治理工作，河道污染较为严重。部分河段水面及两岸堆积大量的生活、生产垃圾，经降雨冲刷后进入河道，严重影响河道内水质。河道水体范围内几乎没有动植物生存，水体散发恶臭，生态系统结构严重失衡，河道功能退化。两岸交通体系不完善，通达性差，两侧堤顶无巡堤路，私搭乱建严重。上游城区段有一定程度的绿化，但没有统一的绿化方案，植物种植杂乱无章，品种单一化。下游农村段植被覆盖率低，景观效果差，生态系统差。

（3）水质目标

根据《沈阳市水污染防治工作实施方案》（2016–2020年）要求，2017年年底前，细河城市段建成区内消灭黑臭水体，2020年年底前，完成细河全段河道综合整治工作，2020年水质考核目标为地表水Ⅴ类。

6.2 调查与评估范围

满堂河开展底泥调查与评估的河段为黑臭段，位于沈阳市沈河区。黑臭河段从上游三环绕城高速公路桥至下游新开河入河口，全长6.1km（图6-1）。

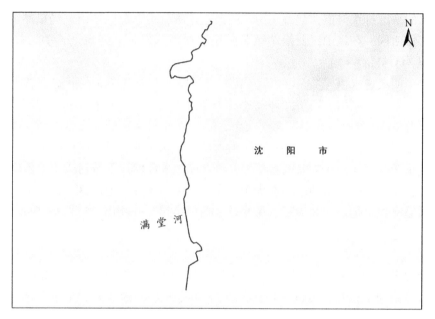

图 6-1　满堂河的地理位置与调查的河段

细河水体底泥调查的范围主要为位于细河流经沈阳铁西区的河段，调查起始点和终点分别为四环路和入浑河口，调查涉及的河道长度约 52.7km（图 6-2）。

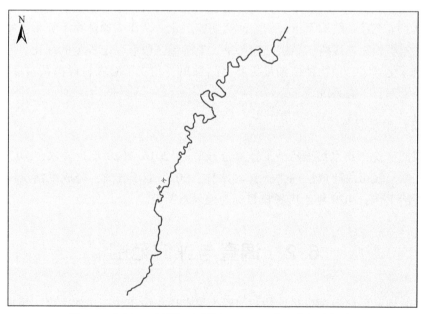

图 6-2　细河（四环路–入浑河口）地理位置与调查河段

6.3 调查时间和频次

满堂河底泥现场调查时间为 2018 年 11 月 13 日至 12 月 13 日，频次为 1 次。

细河底泥调查日期为 2018 年 11 月 13 日至 12 月 13 日，2019 年 7 月 1 日至 7 月 14 日，共开展了 3 次现场调查。其中，2018 年 11 月 13 日至 12 月 13 日开展了 2 次共 64 个点位底泥的现场调查；2019 年 7 月 1 日至 7 月 14 日进行了 10 个观测点位的底泥垂向分布特性调查。

6.4 布点及采样方案

6.4.1 底泥

（1）满堂河

满堂河从上游三环绕城高速公路桥至下游新开河入河口全长 6.1km，共布设 12 个点位，编号依次为 MTH-1～MTH-12，如图 6-3 所示。

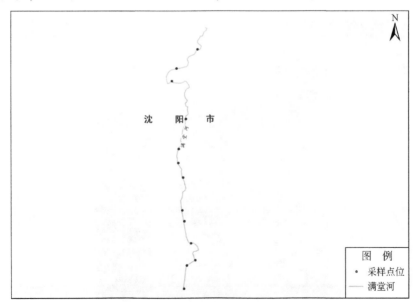

图 6-3 满堂河采样点布设示意图

MTH-1 为上游起始采样点

满堂河采样点位 MTH-1 ~ MTH-12，各点坐标、河宽、点位间距及样品分层情况等详细信息见表 6-1 所示。

表 6-1   满堂河各采样点位信息　　　　　　　　（单位：m）

采样点位	点位坐标	采样点处河宽	与上游相邻点位间距	分层情况
MTH-1	123°33′42.09″E，41°50′29.4″N	5.5	—	A、B、C
MTH-2	123°33′24.62″E，41°50′21.87″N	6.5	632	A、B
MTH-3	123°33′19.69″E，41°50′15.9″N	7.5	508	A、B
MTH-4	123°33′24.59″E，41°49′55.4″N	7	1028	A、B
MTH-5	123°33′15.48″E，41°49′40.94″N	8.5	607	A
MTH-6	123°33′13.30″E，41°49′33.93″N	8.5	314	A
MTH-7	123°33′14.85″E，41°49′26.1″N	8	351	A
MTH-8	123°33′9.96″E，41°49′3.84″N	8.5	946	A
MTH-9	123°33′11.82″E，41°48′52″N	9	474	A、B
MTH-10	123°33′12.56″E，41°48′43.06″N	12	520	A
MTH-11	123°33′5.82″E，41°48′41.25″N	12	260	A、B
MTH-12	123°33′0.77″E，41°48′29.78″N	15	459	A、B

依据采样及分层原则，满堂河共采集 43 个分层底泥样品（图 6-4）。

图 6-4   满堂河底泥分层样品

（2）细河

根据布点原则，细河从上游四环路至下游入浑河口全长 52.7km，共布设 74 个采样点位，编号依次为 XH-1～XH-74，如图 6-5 所示。

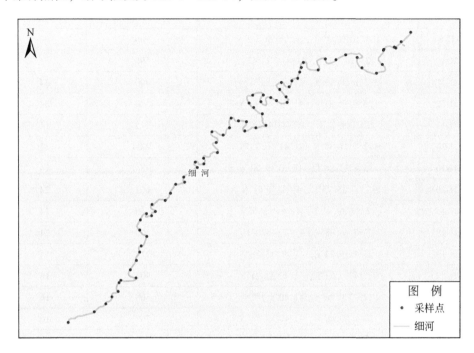

图 6-5　细河采样点布设

细河采样点位 XH-1～XH-74，各点坐标、河宽及点位间距详细信息见表 6-2 所示。其中，上游段为四环路至大潘镇（XH-1～XH-21），中游段为大潘镇至新民屯镇（XH-21～XH-48），下游段新民屯镇至入浑河口（XH-48～XH-74）。

表 6-2　细河各采样点位信息　　　　　（单位：m）

采样点位	点位坐标	与上游相邻点位间距	采样点位处河宽
XH-1	123°12′17.01″E，41°42′21.53″N	—	24
XH-2	123°11′52.87″E，41°41′58.599″N	700	24
XH-3	123°11′39.53″E，41°41′43.11″N	873	29
XH-4	123°11′35.36″E，41°41′45.37″N	119	30
XH-5	123°11′8.68″E，41°41′39.88″N	720	45

采样点位	点位坐标	与上游相邻点位间距	采样点位处河宽
XH-6	123°11′7.26″E，41°41′37.79″N	120	76
XH-7	123°11′4.55″E，41°41′2.86″N	1155	23
XH-8	123°10′49.49″E，41°40′41.43″N	1074	30
XH-9	123°10′10.39″E，41°40′56.29″N	900	30
XH-10	123°10′1.5″E，41°41′20.14″N	596	34
XH-11	123°9′58.15″E，41°41′28.76″N	700	34
XH-12	123°9′52.81″E，41°41′30.93″N	500	34
XH-13	123°9′8.22″E，41°41′14.36″N	775	14
XH-14	123°8′41.15″E，41°41′16.35″N	1000	31
XH-15	123°8′22.88″E，41°40′49.28″N	1000	14
XH-16	123°7′45.75″E，41°41′7.61″N	663	24
XH-17	123°7′39.47″E，41°41′1.86″N	540	24
XH-18	123°7′40.48″E，41°40′55.03″N	600	24
XH-19	123°7′36.33″E，41°40′43.78″N	715	14
XH-20	123°7′16.71″E，41°40′22.71″N	902	16
XH-21	123°7′9.86″E，41°40′8.10″N	500	16
XH-22	123°6′50.09″E，41°40′18.73″N	700	16
XH-23	123°6′37.63″E，41°40′9.80″N	500	28
XH-24	123°6′45.98″E，41°40′1.54″N	697	28
XH-25	123°7′2.05″E，41°39′43.60″N	600	28
XH-26	123°7′4.78″E，41°39′29.63″N	593	12
XH-27	123°6′37.73″E，41°39′33.93″N	600	12
XH-28	123°6′23.40″E，41°39′41.64″N	525	20
XH-29	123°6′12.18″E，41°39′22.44″N	500	20
XH-30	123°5′58.38″E，41°39′31.23″N	740	16
XH-31	123°6′4.43″E，41°39′47.94″N	600	16
XH-32	123°5′37.77″E，41°39′47.70″N	649	27
XH-33	123°5′28.61″E，41°39′27.95″N	700	27
XH-34	123°5′40.24″E，41°39′17.12″N	1304	23
XH-35	123°6′2.03″E，41°39′1.72″N	742	27
XH-36	123°6′11.10″E，41°38′33.26″N	995	20

采样点位	点位坐标	与上游相邻点位间距	采样点位处河宽
XH-37	123°5′45.42″E，41°38′27.27″N	680	12
XH-38	123°5′17.92″E，41°38′19.67″N	700	20
XH-39	123°5′21.83″E，41°38′41.41″N	818	21
XH-40	123°5′2.08″E，41°38′44.32″N	520	27
XH-41	123°4′43.70″E，41°38′51.23″N	565	17
XH-42	123°4′39.62″E，41°38′27.46″N	765	31
XH-43	123°4′23.56″E，41°38′9.64″N	734	17
XH-44	123°3′55.42″E，41°38′17.68″N	776	19
XH-45	123°4′6.16″E，41°37′51.63″N	1013	18
XH-46	123°4′9.26″E，41°37′26.89″N	1073	17
XH-47	123°3′33.98″E，41°37′13.21″N	1281	19
XH-48	123°3′34.43″E，41°36′59.41″N	452	21
XH-49	123°3′12.77″E，41°37′3.59″N	665	27
XH-50	123°3′17.68″E，41°36′50.56″N	500	27
XH-51	123°3′4.09″E，41°36′43.79″N	413	14
XH-52	123°2′43.48″E，41°36′26.51″N	765	15
XH-53	123°2′45.75″E，41°36′14.46″N	478	20
XH-54	123°2′23.11″E，41°36′9.01″N	500	20
XH-55	123°2′10.12″E，41°35′46.96″N	753	20
XH-56	123°1′57.61″E，41°35′29.72″N	720	14
XH-57	123°1′23.59″E，41°35′19.69″N	1144	11
XH-58	123°1′32.14″E，41°35′2.29″N	723	10
XH-59	123°1′22.58″E，41°34′52.08″N	553	12
XH-60	123°1′9.73″E，41°34′57.30″N	500	12
XH-61	123°0′54.38″E，41°34′41.77″N	686	20
XH-62	123°0′52.73″E，41°34′17.17″N	837	22
XH-63	123°1′10.52″E，41°34′1.65″N	636	22
XH-64	123°0′56.34″E，41°33′38.01″N	862	27
XH-65	123°0′52.53″E，41°33′22.79″N	476	23
XH-66	123°0′44.07″E，41°33′2.33″N	690	35
XH-67	123°0′43.00″E，41°32′19.83″N	915	25

采样点位	点位坐标	与上游相邻点位间距	采样点位处河宽
XH-68	123°0′4.44″E, 41°32′13.73″N	1038	26
XH-69	123°0′0.08″E, 41°32′7.76″N	197	25
XH-70	122°59′57.68″E, 41°31′46.23″N	672	22
XH-71	122°59′41.89″E, 41°31′33.11″N	614	23
XH-72	122°59′26.58″E, 41°31′15.88″N	719	25
XH-73	122°58′57.40″E, 41°30′56.17″N	942	20
XH-74	122°57′51.62″E, 41°30′31.72″N	1748	18

为了进一步调查细河水体底泥和沉积物垂向分层特征，以及详细评估氮磷、重金属等污染物垂向分布特征，于细河上、中、下游全段按照均匀布点原则选择10个点位作为观测点位，分别为 XH-4、XH-11、XH-17、XH-23、XH-29、XH-37、XH-48、XH-59、XH-65、XH-69，如图6-6所示。其中，XH-4、XH-11、XH-17 属于上游段，XH-23、XH-29、XH-37、XH-48 属于中游段，XH-59、XH-65、XH-69 属于下游段。XH-4 位于沈阳西部污水厂排口下游100m，XH-11 位于沈阳华晨宝马铁西工厂河段，XH-17 位于大潘镇新蔡线桥，XH-23 位于大潘镇西古村，XH-29 位于彰驿镇石灰窑子村上游，XH-37 位于彰驿镇双树坨子村，XH-48 位于新民屯镇宽场村下游，XH-59 位于长滩镇西余村上游，XH-65 位于长滩镇前余张家村，XH-69 位于长滩镇土北村拦河闸下游。

细河底泥及沉积物采样分别采用柱状采样器及机械打井两种方式。依据采样及分层原则，细河共采集 188 个分层底泥柱状样品，165 个观测点位分层样品。

6.4.2　上覆水

（1）满堂河

结合水质现状，在6.4.1节底泥布点方案基础上（图6-3），满堂河上覆水原则上按照间隔1km采集样品，共采集 7 个水样样品。

（2）细河

结合水质现状，在底泥布点采样方案基础上（图6-6），细河上覆水原则上按照每间隔2km采集 1 个样品，分别对应于底泥点位编号 XH-1、XH-4、XH-7、XH-10、XH-13、XH-15、XH-18、XH-20、XH-22、XH-26、XH-28、XH-31、

XH-34、XH-36、XH-39、XH-41、XH-44、XH-48、XH-49、XH-51、XH-54、XH-56、XH-59、XH-61、XH-64、XH-66、XH-68、XH-70、XH-72、XH-74，共采集30个样品。

6.5 河流水深和泥深分布

6.5.1 满堂河

经现场调查及测量，满堂河泥深 8～50cm，平均泥深为 20cm。其中，泥深在 20cm 以下的河段，长度约为 3.2km；泥深在 20～50cm 的河段，长度约为 2.9km。满堂河（三环外至新开河段）水深及泥深情况如图6-6所示。

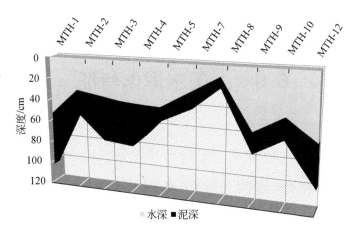

图6-6 满堂河（三环外至新开河段）水深及泥深情况

6.5.2 细河

经现场调查及测量，细河（四环路-入浑河口）泥深 10～150cm，平均泥深为 39cm。其中，泥深在 20cm 以下的河段，长度约为 8.3km；泥深在 20～40cm 的河段，长度约为 24.5km；泥深在 40～60cm 的河段，长度约为 15.4km；泥深在 60cm 以上的河段，长度约为 4.5km。细河（四环路-入浑河口）水深及泥深情况如图6-7所示。

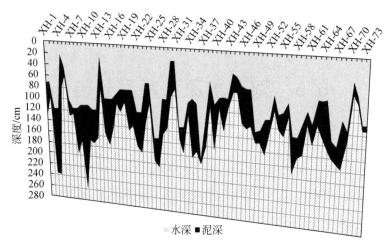

图 6-7　细河（四环路–入浑河口）水深及泥深情况

6.6　上覆水理化特征

6.6.1　满堂河

对满堂河部分点位的上覆水进行采样分析，检测指标包括 pH、COD、氨氮、总氮、总磷，各项指标检测结果如图 6-8 所示。参照《地表水环境质量标准》（GB 3838—2002）中以上 5 项水质指标对应浓度限值，满堂河各点位各项指标变化如下。

满堂河所有采样点位上覆水 pH 在 7.1~7.4，平均值为 7.27，达到上述标准对水体 pH 的要求（6~9）；满堂河上覆水氨氮浓度变化范围为 0.03~1.19mg/L，平均值为 0.33mg/L，各点位上覆水的氨氮浓度均低于上述标准中 V 类水体氨氮浓度限值（2.0mg/L，图中横线表示）；满堂河上覆水 COD 浓度变化范围为 49.63~107.71mg/L，平均值为 77.83mg/L，所有采样点位上覆水 COD 高于上述标准中 V 类水体浓度限值（40mg/L，图中横线表示）；满堂河上覆水总氮浓度变化范围为 0.08~2.98mg/L，平均值为 0.82mg/L，MTH-1~MTH-7 段总氮浓度均低于 2.0mg/L，MTH-8、MTH-9 两处总氮浓度高于 2.0mg/L；满堂河上覆水总磷浓度变化范围为 0.17~0.45mg/L，平均值为 0.25mg/L，MTH-1~MTH-8 段总磷浓度均低于 0.4mg/L，MTH-9 总磷浓度高于上述标准中 V 类水体浓度限值

（0.4mg/L，图中横线表示）。

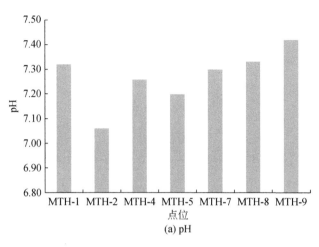

(a) pH

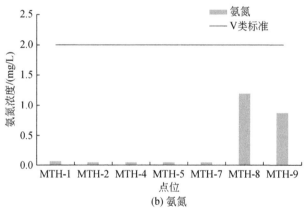

(b) 氨氮

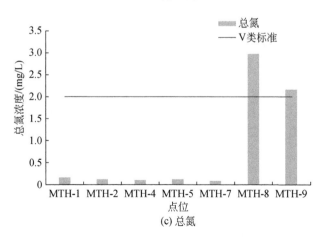

(c) 总氮

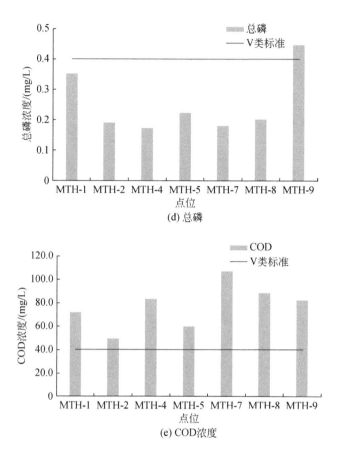

图 6-8 满堂河上覆水部分水质指标变化情况

根据以上分析结果，2018 年 11 月满堂河（全长 6.1km）水质为劣 V 类，主要超标因子为 COD，MTH-9 点的总氮、总磷、COD 浓度均高于其余点位。

综上，满堂河各点位 COD 浓度普遍超过了《地表水环境质量标准》（GB 3838—2002）V 类水体标准，满堂河 MTH-1 ~ MTH-7 段的总氮、总磷及氨氮浓度远低于 MTH-8 ~ MTH-9 段的浓度，这与满堂河流经区域有关。满堂河主要超标因子为 COD，下游（MTH-8 ~ MTH-9）段主要污染物为 COD、总氮及总磷。

6.6.2 细河

对细河部分点位的上覆水进行采样分析，检测指标包括 pH、COD、TOC、氨氮、总氮、总磷，各项指标检测结果如图6-9所示。参照《地表水环境质量标准》（GB 3838—2002）中各项水质指标限值，细河所有采样点位上覆水pH均在6~9，符合上述标准对水体pH的要求；大部分采样点位上覆水氨氮浓度低于上述标准中V类水体氨氮浓度限值（2.0mg/L，图中横线表示），但是大部分采样点位上覆水COD、总氮、总磷浓度均高于上述标准中V类水体浓度限值（COD 40mg/L；总氮2.0mg/L；总磷0.4mg/L，图中横线表示）。以上分析结果表明，2018年11月细河（四环路–入浑河口）处于劣V类水体状态，主要超标因子为COD、总氮、总磷。

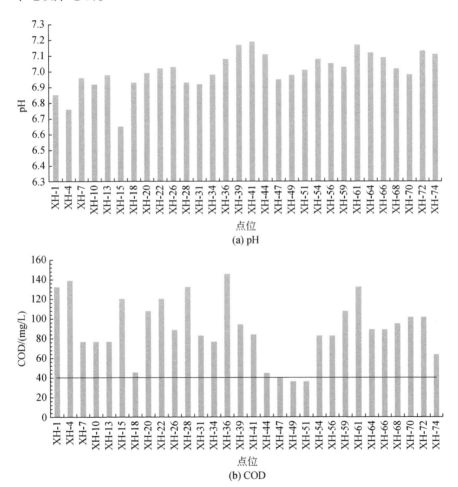

(a) pH

(b) COD

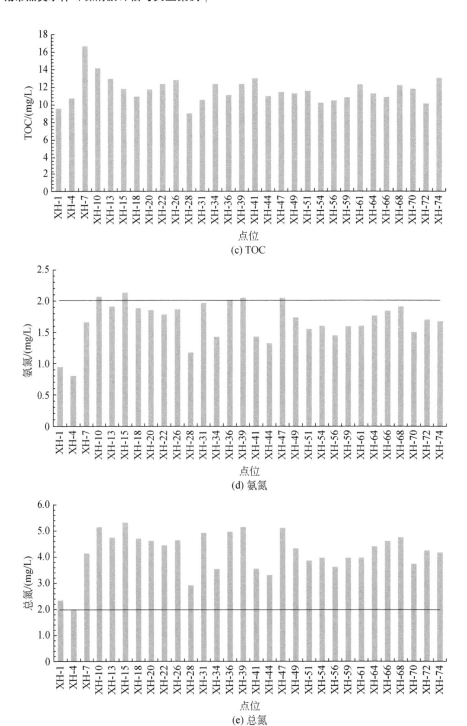

(c) TOC

(d) 氨氮

(e) 总氮

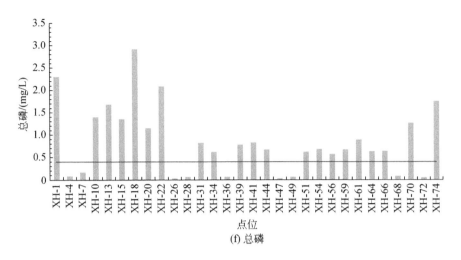

图 6-9　细河上覆水各项水质指标

6.7　满堂河底泥含水率与粒径分析

6.7.1　底泥含水率分析

（1）含水率空间变化分析

对满堂河各采样点位的含水率空间变化进行分析，含水率变化情况如表 6-3 所示。

表 6-3　满堂河表层底泥含水率变化

分区	均值/%	标准差	最大值/%	最小值/%
上游	29.8	5.1	34.0	21.9
中游	30.9	8.8	44.5	20.6
下游	33.1	11.5	49.9	23.9

根据表 6-3 所示数据，满堂河表层底泥的含水率变化范围为 20.6%～49.9%，含水率最大值为 49.9%，数据表明下游段表层底泥的含水率高于其他河段。满堂河表层底泥平均含水率为 32.8%。

（2）含水率垂向变化分析

满堂河 12 个采样点位中 8 个点位可分为 A、B 两层，1 个点位可分为 A、B、C 三层。满堂河 8 个可分层点位的含水率变化情况如表 6-4 所示。

表 6-4　满堂河可分层点位含水率变化情况　　　　（单位:%）

序号	分层	各层平均含水率
MTH-1	A	34.0
	B	47.3
	C	39.6
MTH-2	A	33.6
	B	20.7
MTH-3	A	32.1
	B	51.5
MTH-4	A	21.9
	B	33.4
MTH-9	A	29.6
	B	28.1
MTH-10	A	49.9
	B	28.7
MTH-11	A	29.1
	B	35.9
MTH-12	A	23.9
	B	24.7

由表 6-4 可知，垂向上，各点位底泥含水率变化并无明显规律，MTH-1、MTH-3、MTH-4、MTH-11 及 MTH-12 点位 B 层底泥的含水率高于 A 层，MTH-2、MTH-9 及 MTH-10 点位 A 层底泥的含水率较高于 B 层。

6.7.2　底泥粒径分析

选取满堂河典型底泥样品进行粒径分析，采用马尔文激光粒度分析仪（Mastersizer 2000）进行测定。如图 6-10 所示，满堂河底泥粒径分布范围为 0.34 ~ 158.88μm，大致可以划分为以下 5 个区间：<4μm、4 ~ 16μm、16 ~ 32μm、32 ~

64μm 和>64μm。这 5 个粒径分布区间所占体积比例分别为 3.65%、9.24%、13.87%、34.30% 和 38.94%，粒径主要分布在 50~100μm。

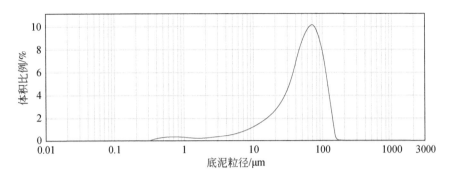

图 6-10　满堂河底泥粒径分布

6.8　细河底泥含水率和粒径分析

6.8.1　底泥含水率分析

细河各河段底泥含水率分布如表 6-5 所示，上、中、下游底泥含水率平均值分别为 39.1%、48.7%、38.8%。中游段底泥含水率高于上游和下游段，细河底泥含水率总体平均值为 42.1%。对含水率垂向分布进行分析（表 6-6），细河各河段底泥 A 层平均含水率均略高于 B 层，从表层往下呈减小的趋势。

表 6-5　细河各河段底泥含水率分布

河段	均值/%	标准差	最大值/%	最小值/%
上游	39.1	16.5	85.2	6.2
中游	48.7	14.9	85.1	16.1
下游	38.8	16.2	76.3	10.1

表 6-6　细河底泥含水率垂向分布

河段	样品分层	均值/%	标准差	最大值/%	最小值/%
上游	A	38.8	17.5	85.2	6.2
	B	38.0	13.9	67.2	12.3

河段	样品分层	均值/%	标准差	最大值/%	最小值/%
中游	A	54.2	14.7	85.1	25.6
	B	41.9	12.9	71.4	16.1
下游	A	39.3	16.5	75.7	10.1
	B	37.3	15.3	76.3	10.5

6.8.2　底泥粒径分析

选取细河典型底泥样品进行粒径分析，采用马尔文激光粒度分析仪进行测定。如图 6-11 所示，细河底泥粒径分布范围为 0.41~291μm，大致可以划分为以下 5 个区间：<4μm、4~16μm、16~32μm、32~64μm 和>64μm。这 5 个粒径分布区间所占体积比例分别为 2.73%、5.51%、7.44%、19.27% 和 65.05%，粒径主要分布在 60~200μm。

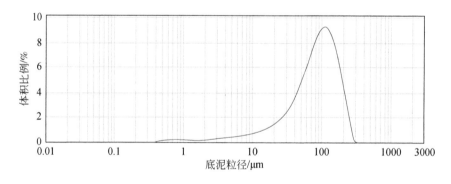

图 6-11　细河底泥粒径分布

6.9　满堂河底泥营养盐分布特征

6.9.1　底泥营养物含量空间分布

根据满堂河各点位的总氮、总磷、有机质含量，采用空间插值法，分别从 A、B、C 层分析满堂河底泥营养物含量的空间分布。各点位表层总氮含量空间分布如图 6-12 所示。

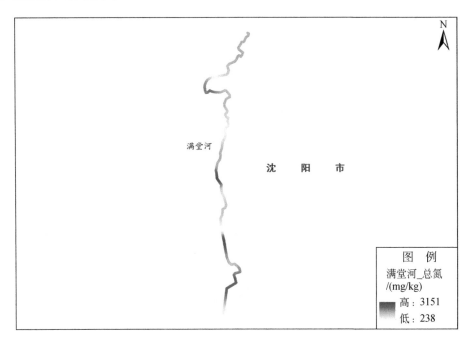

图 6-12　满堂河表层总氮含量变化

　　满堂河 A 层总氮含量变化范围为 238～3151mg/kg，平均值为 1514mg/kg。如图 6-12 所示，满堂河表层各点位底泥的总氮含量变化波动较大，这与满堂河流域内的居民生活及生产活动有密切关系。下游（MTH-9～MTH-12）段总氮含量明显高于上中游（MTH-1～MTH-9）河段，主要原因是下游段有满堂河污水处理厂尾水排入。满堂河 B 层总氮含量处于 408～2829mg/kg，平均值为 1340mg/kg。总体而言，与 A 层总氮变化趋势基本一致，平均值略低。

　　满堂河各点位表层总磷含量空间分布如图 6-13 所示。满堂河表层底泥总磷含量范围为 265～1126mg/kg，平均值为 607mg/kg。总体而言，满堂河表层底泥总磷含量变化无明显规律，各点位间含量变化波动较大，满堂河上游（MTH-1～MTH-5）段及下游（MTH-9～MTH-12）段总磷含量高于中游（MTH-5～MTH-9）段，主要原因是上游段两岸居民的生产生活活动、支流山梨河汇入及下游段有满堂河污水处理厂尾水排入。满堂河 B 层总磷含量处于 215～846mg/kg，平均值为 616mg/kg。总体上看与 A 层总磷变化趋势基本一致，变化范围不大。从图 6-13 中可看出，满堂河有两拐点处的总磷含量较高，即 MTH-2～MTH-3 段及MTH-9～MTH-10 段。

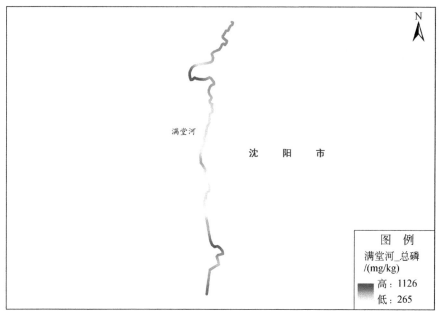

图 6-13　满堂河表层总磷含量变化

满堂河各点位表层有机质含量空间分布如图 6-14 所示。表层有机质含量范

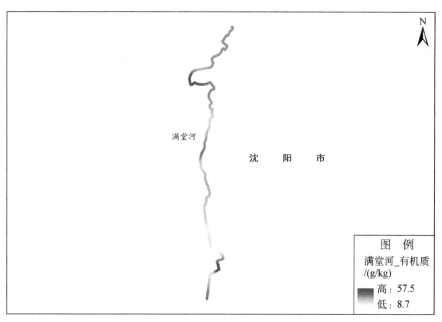

图 6-14　满堂河表层有机质含量变化

围为 8.7 ~ 57.5g/kg，平均值为 27.6g/kg。总体上看，满堂河上游段（MTH-1 ~ MTH-5）有机质含量明显高于中下游段（MTH-5 ~ MTH-12）。满堂河 B 层有机质含量处于 15.2 ~ 58.5g/kg，平均值为 36.3g/kg。总体而言，与 A 层有机质变化趋势基本一致，平均值略高。

6.9.2 底泥营养物含量垂向分布

满堂河平均泥深为 20cm，中下游部分河段较浅，泥深仅为 10 ~ 20cm，未能达到分层要求。选取满堂河上游较深河段进行分析，以满堂河 MTH-1 点位为例，分析满堂河部分河段总氮、总磷、有机质含量垂向分布，如图 6-15 和图 6-16 所示。从 A、B、C 三层的营养物分布规律来看，MTH-1 点位垂向总磷含量无明显变化，相差不大。B 层的总氮含量较高，是氮含量较高的泥层，A 层及 C 层总氮含量变化相似。MTH-1 点位是 T 典型例证，其他点位测定结果与 MTH-1 类似。可以看出，满堂河各点位的总磷含量垂向变化无明显的规律。这与每个点位的区域环境有关，少部分点位的总氮含量由表层至底层呈递减趋势。

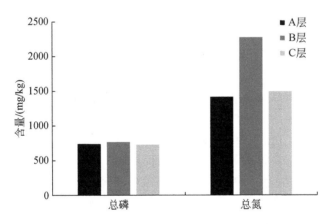

图 6-15　满堂河 MTH-1 点位总氮及总磷含量垂向分布

满堂河 MTH-1 点位底泥中有机质含量垂向变化如图 6-16 所示，从 A、B、C 三层的营养物分布规律来看，MTH-1 点位 B 层的有机质含量较高。其他点位垂向测定结果与 MTH-1 类似。满堂河其余点位有机质垂向变化均有差异，这可能与河段流经区域的周围环境有关。

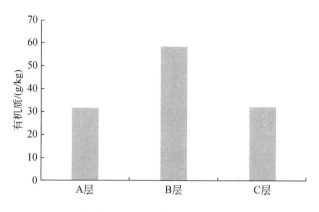

图 6-16　满堂河 MTH-1 点位有机质含量垂向分布

6.10　细河底泥营养盐分布特征

6.10.1　底泥营养物含量空间分布

对细河各点位表层（0~20cm）底泥的总氮、总磷含量进行分析，采用空间插值法，获得细河底泥营养物的总体空间分布状况。总氮含量空间分布如图 6-17 所示，细河表层底泥总氮含量大部分在 1000~5000mg/kg。上游段（四环路–大潘镇）表层底泥总氮含量在 500~5000mg/kg，平均含量为 2739mg/kg。该段河流主要经过沈阳城区，在沈阳市西部污水处理厂排口和大潘镇新蔡线附近的表层底泥含氮量相对较高。中游段（大潘镇–新民屯镇）表层底泥总氮含量在 600~6000mg/kg，平均含量为 2953mg/kg。该河段主要经过沈阳城郊的一些村镇和农田，由于生活污水和畜禽养殖废水的排入，表层底泥含氮量相对上游城市段较高，多数在 2500mg/kg 以上。下游段（新民屯镇–入浑河口）表层底泥总氮含量在 450~3500mg/kg，平均含量为 1978mg/kg。该河段主要经过农田，表层底泥含氮量较上游和中游段相对偏低，在一些支流干渠汇入口附近含氮量较高。

细河表层底泥总磷含量空间分布如图 6-18 所示，细河表层底泥总磷含量大部分在 500~2500mg/kg，平均总磷含量为 1322mg/kg。总磷空间分布规律与总氮相似，上游段和中游段的表层底泥总磷含量相对高于下游段，流经村镇的河段表层底泥总磷含量普遍高于流经农田的河段。

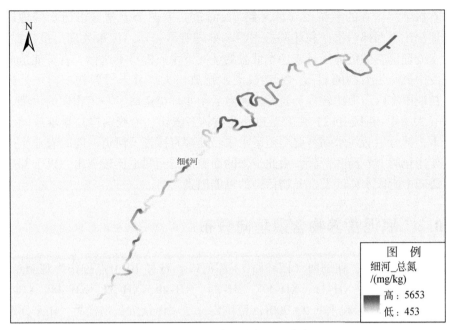

图 6-17　细河底泥总氮空间分布

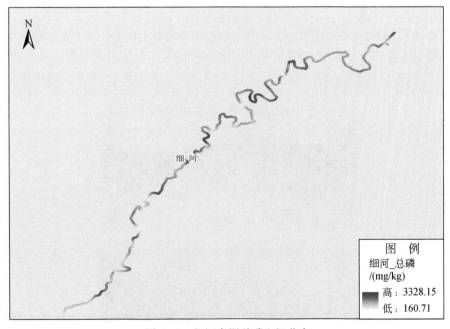

图 6-18　细河底泥总磷空间分布

本次细河调查的上游段（四环路–大潘镇）有两个大型城市污水处理厂排口，即沈阳市西部污水厂和沈阳振兴污水处理有限公司。污水处理厂虽已提标，但污水处理厂在满负荷运行或冬季低温的情况下水质极易不达标，有可能造成水体底泥中氮磷污染物的累积。上游段雨水排放口大部分未设置初期雨水处理装置，初期雨水内污染物较多，直排入河道后给水环境造成了一定程度的污染。中游段（大潘镇–新民屯镇）主要经过一些村镇和农田，沿线两岸垃圾堆放倾倒问题严重，部分生活污水和畜禽养殖废水未经处理直接排入河道。同时农业生产中大量使用化肥、农药和薄膜，由此带来的面源污染问题也比较突出。以上都是造成上游和中游段水体底泥营养物污染的可能因素。

6.10.2　底泥营养物含量垂向分布

如 6.4.2 所述，在细河（四环路–入浑河口）选择 10 个点位作为观测点位，编号分别为 XH-4、XH-11、XH-17、XH-23、XH-29、XH-37、XH-48、XH-59、XH-65、XH-69，采集垂向 0~300cm 范围内分层底泥及沉积物样品，用来详细评估氮磷等污染物的垂向分布特征。

（1）细河上游段

编号为 XH-4、XH-11 和 XH-17 的点位位于细河上游段。XH-4 点位底泥及沉积物垂向柱状样品如图 6-19 所示。表层 0~40cm 为深黑色淤泥层，呈流塑状，臭味较重；40~120cm 为黑色淤泥层，呈软塑状，有臭味，属于淤泥质粉质黏

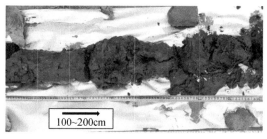

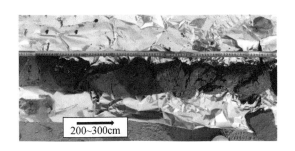

图 6-19   XH-4 点位底泥及沉积物垂向柱状样品

土；120~200cm 底泥逐渐转变为灰褐色，呈可塑状，有土腥味，属于粉质黏土；200~300cm 底泥逐渐转变为黄褐色，呈可塑状，混有细沙、砾石等。XH-4 点位位于上游城市段，该点位在沈阳市西部污水处理厂排口下游 100m 附近，底泥沉积量大，淤泥层较厚，氮磷污染程度较重。

XH-11 点位底泥及沉积物垂向柱状样品如图 6-20 所示。XH-11 点位位于上游城市段，临近沈阳华晨宝马铁西工厂，该点位上游 3000m 左右为沈阳振兴污水处理有限公司排口。与 XH-4 点位类似，该点位表层 0~40cm 为深黑色淤泥层，呈流塑状，臭味较重；40~150cm 仍为深黑色淤泥层，呈软塑状，有臭味，属于淤泥质粉质黏土；150~200cm 为黑色粉质黏土，呈软塑状；200~300cm 主要为细沙、砾石等。XH-17 点位底泥及沉积物垂向柱状样品如图 6-21 所示。XH-17 点位位于大潘镇新蔡线桥，该点位 0~80cm 为深黑色淤泥层，呈流塑状，臭味较重；80~200cm 为黑色细沙层，200~300cm 主要为粗沙、砾石等。据此可以判

图 6-20   XH-11 点位底泥及沉积物垂向柱状样品

图 6-21　XH-17 点位底泥及沉积物垂向柱状样品

断，该点位泥深在 80cm 左右。

细河上游段 3 个代表性 XH-4、XH-11、XH-17 点位底泥及沉积物总氮和总磷含量的垂向分布如图 6-22 所示。XH-4 点位在 0～120cm 深度内底泥及沉积物总氮含量大部分都在 2000～3500mg/kg，总磷含量在 0～100cm 深度内都高于 1200mg/kg；XH-11 点位在 0～180cm 深度内总氮含量都在 4000mg/kg 以上，总磷含量在 0～150cm 深度内都高于 1200mg/kg。以上结果与两个点位底泥及沉积物垂向柱状样的性状特征较为吻合，说明这两个点位底泥及沉积物受氮、磷污染的泥层很厚。在这两个点位附近的河段氮磷污染泥层同样较厚，考虑主要由于城市大型污水处理厂排放的累积效应所导致。XH-17 点位底泥在 0～45cm 深度内总氮含量高于 2000mg/kg，总磷含量高于 1000mg/kg，同时结合细河上游段其他点位在 0～80cm 内的总氮、总磷含量进行分析，细河上游段底泥总氮污染的泥层厚度大致在 50～80cm，总磷污染层大致在 30～60cm。

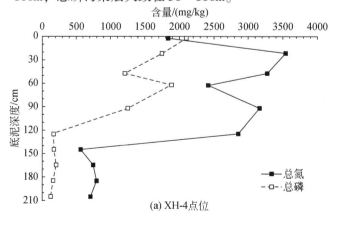

(a) XH-4点位

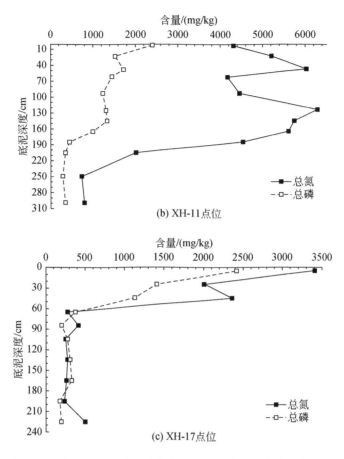

图 6-22 细河上游段观测点位底泥及沉积物氮磷含量垂向分布

（2）细河中游段

编号为 XH-23、XH-29、XH-37 和 XH-48 的点位位于细河中游段。XH-23 点位底泥及沉积物垂向柱状样品如图 6-23 所示。XH-23 点位位于大潘镇西古村，属于细河中游段，表层 0～30cm 为深黑色淤泥层，呈流塑状，臭味较重；30～60cm 为黑色淤泥层，呈软塑状，有臭味，属于淤泥质粉质黏土；60～100cm 底泥逐渐转变为灰褐色，呈可塑状，有土腥味，属于粉质黏土；100～200cm 为灰色细沙；200～300cm 为细沙、砾石等。XH-29 点位底泥及沉积物垂向柱状样品如图 6-24 所示。XH-29 点位位于彰驿镇石灰窑子村，属于细河中游段，表层 0～50cm 为深黑色淤泥层，呈软塑状，臭味较重，50cm 以下全部为黑色细沙。

图 6-23　XH-23 点位底泥及沉积物垂向柱状样品

图 6-24　XH-29 点位底泥及沉积物垂向柱状样品

　　XH-37 点位底泥及沉积物垂向柱状样品如图 6-25 所示。XH-37 点位位于彰驿镇双树坨子村，属于细河中游段。表层以下 0～50cm 为深黑色淤泥层，呈流塑状，臭味较重；50～100cm 为黑色淤泥层，呈软塑状，有臭味，属于淤泥质粉质黏土；100～200cm 为黑色细沙层，200cm 以下全部为灰色和黄色黏土。XH-48 点位底泥及沉积物垂向柱状样品如图 6-26 所示。XH-48 点位位于新民屯镇宽场村下游，属于细河中游段。表层 0～20cm 为深黑色淤泥层，呈流塑状，臭味较重；20～60cm 为灰色淤泥层，呈软塑状，有臭味，属于淤泥质粉质黏土；60～100cm 为黑色细沙层，100cm 以下全部为灰色细沙层。

图 6-25　XH-37 点位底泥及沉积物垂向柱状样品

图 6-26　XH-48 点位底泥及沉积物垂向柱状样品

　　细河中游段 4 个代表性点位底泥及沉积物总氮和总磷含量的垂向分布如图 6-27所示。

　　这 4 个点位在 0～30cm 深度内底泥总氮含量大部分都在 2000mg/kg 以上，50cm 深度以下均低于 1000mg/kg；总磷含量在 30cm 深度以下均低于 1000mg/kg。结合细河中游段其他点位底泥在 0～80cm 深度内的氮磷含量，可以大致推断中游段底泥总氮污染层厚度在 30～60cm，总磷污染层厚度在 20～50cm。

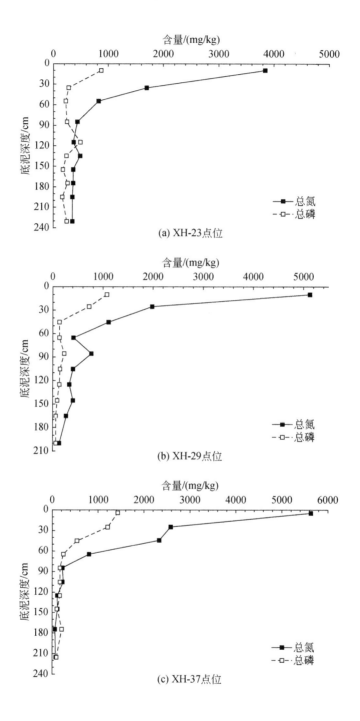

(a) XH-23点位

(b) XH-29点位

(c) XH-37点位

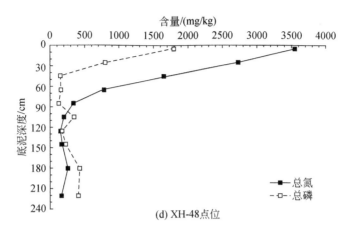

(d) XH-48点位

图6-27 细河中游段观测点位底泥及沉积物氮磷含量垂向分布

（3）细河下游段

编号为 XH-59、XH-65 和 XH-69 的点位位于细河下游段。XH-59 点位底泥及沉积物垂向柱状样品如图 6-28 所示。XH-59 点位位于长滩镇西余村上游，属于细河下游段，表层 0～10cm 为深黑色淤泥层，呈流塑状，臭味较重；10～60cm 为黑色淤泥层，呈软塑状，有臭味，属于淤泥质粉质黏土；60～100cm 底泥为灰褐色，呈可塑状，有土腥味，属于粉质黏土；100～200cm 底泥逐渐转变为黄褐色，属于可塑粉质黏土；200～300cm 为细沙、砾石等。XH-65 点位底泥及沉积物垂向柱状样品如图 6-29 所示。XH-65 点位位于长滩镇前余张家村，属于细河下游段。表层 0～60cm 为黑色淤泥层，呈软塑状，有臭味；60～100cm 底泥为灰褐色，呈可塑状，有土腥味，属于粉质黏土；100～200cm 底泥逐渐转变为黄褐色，属于可塑粉质黏土。XH-69 点位底泥及沉积物垂向柱状样品如图 6-30 所示。XH-69 点位位于长滩镇土北村，属于细河下游段。表层以下 0～80cm 为深黑色淤泥层，呈流塑状，臭味较重；80cm 以下底泥颜色逐渐转变为棕色，呈软塑状，属于粉质黏土。

细河下游段 3 个观测点位底泥及沉积物总氮和总磷含量的垂向分布如图 6-31 所示。XH-59、XH-65 点位总氮含量在 30cm 以下均低于 1000mg/kg，总磷含量在垂向均低于 800mg/kg；XH-69 点位位于土北村拦河闸下游，此处底泥淤积较多，总氮含量在 0～50cm 深度内大于 1500mg/kg，总磷含量在 0～20cm 深度内大于 1000mg/kg。结合细河中游段其他点位底泥在 0～80cm 深度内的氮磷含量，可以大致推断下游段底泥氮磷污染层普遍较浅，厚度在 10～40cm。

图 6-28　XH-59 点位底泥及沉积物垂向柱状样品

图 6-29　XH-65 点位底泥及沉积物垂向柱状样品

图 6-30　XH-69 点位底泥及沉积物垂向柱状样品

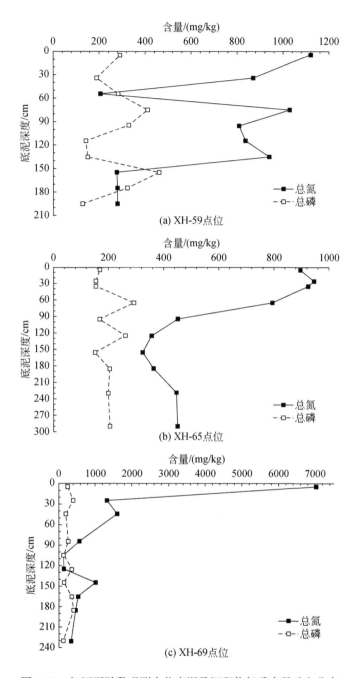

(a) XH-59点位

(b) XH-65点位

(c) XH-69点位

图 6-31　细河下游段观测点位底泥及沉积物氮磷含量垂向分布

7.1 满堂河底泥重金属分布特征

7.1.1 底泥重金属含量空间分布

对满堂河表层底泥 8 种重金属含量进行空间插值，进一步分析各类重金属的空间变化。根据满堂河各点位泥深及污染层状况，大部分点位底泥可分为 A、B 层，部分点位仅可取表层样进行分析。

沈阳市土壤中 Hg、As、Pb 等 8 种重金属的背景值如表 7-1 所示。沈阳市土壤中汞（Hg）元素的背景值为 0.05mg/kg。满堂河 MTH-1 ~ MTH-12 点位 A 层底泥中汞的含量变化范围在 0.02 ~ 0.57mg/kg，平均值为 0.14mg/kg。下游（MTH-9 ~ MTH-12）段表层底泥汞（Hg）含量较其他河段高。B 层底泥中汞的含量变化范围在 0.08 ~ 0.39mg/kg，平均值为 0.16mg/kg。C 层底泥中汞的含量平均值为 0.1mg/kg。满堂河 A 层底泥样品中，除 MTH-4、MTH-7 点位外，其余点位的汞含量均高于沈阳市土壤重金属背景值；B 层及 C 层所有已测点位底泥的汞含量高于沈阳市土壤重金属背景值。满堂河表层底泥中的汞（Hg）含量变化如图 7-1 所示。

表 7-1　沈阳市土壤环境背景值　　　（单位：mg/kg）

元素	Cu	Pb	Zn	Cd	Hg	As	Cr	Ni
背景值	24.57	22.15	59.84	0.16	0.05	8.79	57.66	27.92

资料来源：吴燕玉，1986

满堂河表层底泥中的砷（As）含量变化如图 7-2 所示。满堂河 MTH-1 ~ MTH-12 点位 A 层底泥中砷的含量变化范围为 1.08 ~ 7.12mg/kg，平均值为 3.88mg/kg。满堂河上游段（MTH-1 ~ MTH-5）及下游段（MTH-9 ~ MTH-12）表层底泥砷（As）含量相对中游段较高。B 层底泥中砷的含量变化范围在 3.02 ~

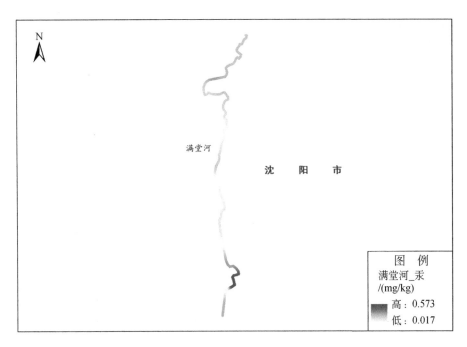

图 7-1　满堂河表层底泥汞（Hg）含量空间分布

19.89mg/kg，平均值为 8.25mg/kg。C 层底泥中砷的含量平均值为 6.16mg/kg。沈阳市土壤中砷（As）元素的背景值为 8.79mg/kg（表 7-1）。满堂河 A 层所有点位的砷含量均低于沈阳市土壤重金属背景值。除 MTH-1 及 MTH-4 点位外，其余已测点位 B 层底泥的砷含量低于沈阳市土壤重金属背景值；C 层所有已测点位砷的含量均低于沈阳市土壤重金属背景值。

　　满堂河表层底泥铅（Pb）的含量变化如图 7-3 所示。满堂河 MTH-1 ~ MTH-12 点位中部分点位底泥中铅含量未达到检出限（<0.1mg/kg），如 MTH-4、MTH-9、MTH-10 及 MTH-12，达到检出限的点位 A 层底泥中铅的含量变化范围为 0.1 ~ 7.2mg/kg，平均值为 1.61mg/kg。满堂河上游段（MTH-1 ~ MTH-5）表层底泥铅（Pb）含量相对中下游河段较高。满堂河达到检出限的点位 B 层底泥中铅的含量变化范围在 0.13 ~ 8mg/kg，平均值为 2.65mg/kg。满堂河 C 层底泥中铅的含量平均值为 5.7mg/kg。沈阳市土壤中铅（Pb）元素的背景值为 22.15mg/kg（表 7-1），满堂河所有铅含量达到检出限的点位，其 A 层、B 层及 C 层底泥的铅含量均低于沈阳市土壤重金属背景值。

　　满堂河表层底泥铜（Cu）含量变化如图 7-4 所示。满堂河 MTH-1 ~ MTH-12 点位中部分点位底泥中铜含量未达到检出限（<1mg/kg），达到检出限的点位 A 层

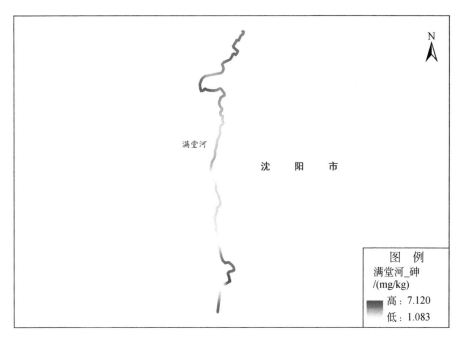

图 7-2　满堂河表层底泥砷（As）含量空间分布

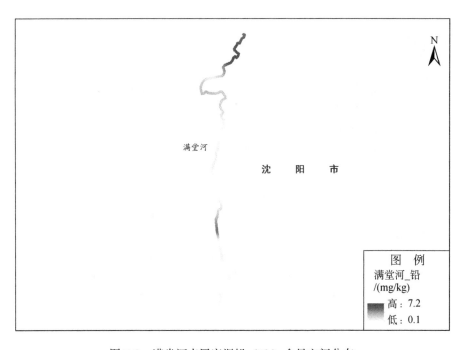

图 7-3　满堂河表层底泥铅（Pb）含量空间分布

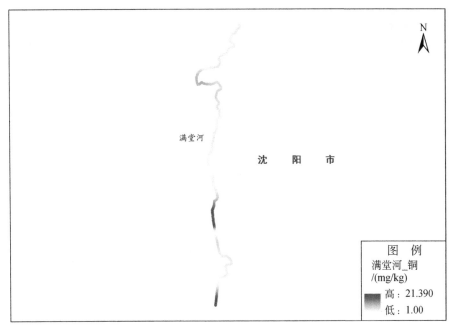

图 7-4　满堂河表层底泥铜（Cu）含量空间分布

底泥中铜的含量变化范围在 1.00 ~ 21.40mg/kg，平均值为 4.34mg/kg。满堂河下游段（MTH-9 ~ MTH-12）表层底泥铜（Cu）含量较其他河段高。达到检出限的点位 B 层底泥中铜的含量变化范围在 33.0 ~ 36.5mg/kg，平均值为 11.58mg/kg。满堂河 C 层底泥中铜的含量平均值为 32.25mg/kg。沈阳市土壤中铜（Cu）元素的背景值为 24.57mg/kg（表 7-1），满堂河所有铜含量达到检出限点位的表层底泥中铜含量均低于沈阳市土壤重金属背景值，B 层及 C 层底泥中的铜含量均高于沈阳市土壤重金属背景值。

　　满堂河表层底泥锌（Zn）含量变化如图 7-5 所示。满堂河 MTH-1 ~ MTH-12 点位 A 层底泥中锌的含量变化范围在 43.25 ~ 303.71mg/kg，平均值为 129.17mg/kg。满堂河表层中下游段（MTH-5 ~ MTH-12）表层底泥锌（Zn）含量较上游河段高。满堂河 B 层底泥中锌的含量变化范围在 89.67 ~ 383.63mg/kg，平均值为 226.96mg/kg。C 层底泥中锌的含量平均值为 323.79mg/kg。沈阳市土壤中锌（Zn）元素的背景值为 59.84mg/kg（表 7-1）。除 MTH-7 点位外，满堂河其余点位 A 层底泥中的锌含量均超过了沈阳市土壤重金属背景值，所有已测点位 B 层及 C 层底泥中的锌含量均高于沈阳市土壤重金属背景值。

　　满堂河表层底泥镍（Ni）含量变化如图 7-6 所示。满堂河 MTH-1 ~ MTH-12 点位中部分点位底泥中镍含量未达到检出限（<5mg/kg），如 MTH-2、MTH-5、

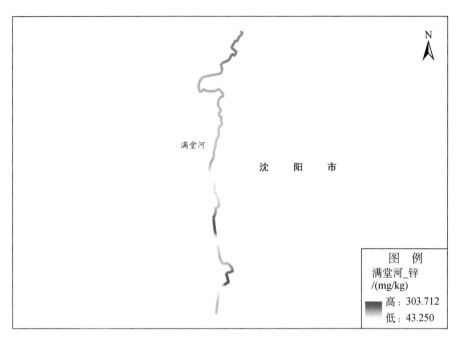

图 7-5　满堂河表层底泥锌（Zn）含量空间分布

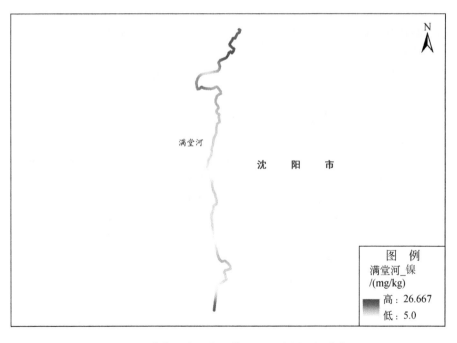

图 7-6　满堂河表层底泥镍（Ni）含量空间分布

MTH-8 及 MTH-10 点位，达到检出限的点位 A 层底泥中镍的含量变化范围在 5.00~26.67mg/kg，平均值为 9.29mg/kg。满堂河上游段（MTH-1~MTH-5）表层底泥镍（Ni）含量较中下游河段高。满堂河 B 层达到检出限的点位底泥中镍的含量变化范围在 21.0~44.33mg/kg，平均值为 28.97mg/kg。满堂河 C 层底泥中镍的含量平均值为 38.75mg/kg。沈阳市土壤中镍（Ni）元素的背景值为 27.92mg/kg（表 7-1），满堂河所有镍含量达到检出限的点位，其表层底泥中的镍含量均低于沈阳市土壤重金属背景值。除 MTH-12 点位外，其余镍含量达到检出限的点位 B 层及 C 层底泥中的镍含量均高于沈阳市土壤重金属背景值。

满堂河表层底泥铬（Cr）含量变化如图 7-7 所示。满堂河 MTH-1~MTH-12 点位中部分点位底泥中铬含量未达到检出限（<5mg/kg），如 MTH-1、MTH-3、MTH-4、MTH-7、MTH-8、MTH-9 及 MTH-12 点位，达到检出限的点位 A 层底泥中铬的含量变化范围在 5.00~44.15mg/kg，平均值为 6.62mg/kg。满堂河中游段（MTH-5~MTH-9）部分点位表层底泥铬（Cr）含量较上下游河段高。满堂河 B 层铬含量达到检出限的点位底泥中铬含量最大值为 7.92mg/kg，平均值为

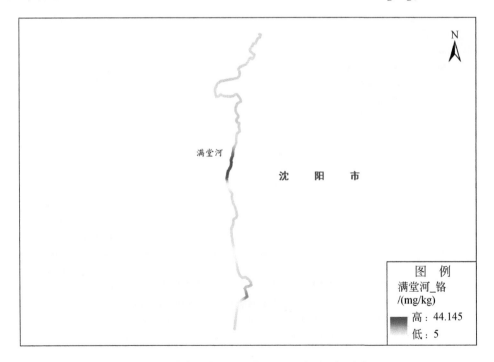

图 7-7 满堂河表层底泥铬（Cr）含量空间分布

1.32mg/kg。沈阳市土壤中铬（Cr）元素的背景值为 57.66mg/kg（表 7-1），满堂河所有铬含量达到检出限的点位，其各层底泥中的铬含量均低于沈阳市土壤重金属背景值。

满堂河表层底泥镉（Cd）含量变化如图 7-8 所示。满堂河 MTH-1 ~ MTH-12 点位 A 层底泥中镉的含量变化范围在 0.02 ~ 0.96mg/kg，平均值为 0.25mg/kg。满堂河上游段（MTH-1 ~ MTH-5）表层底泥镉（Cd）含量较中下游河段高。满堂河 B 层底泥中镉的含量变化范围在 0.02 ~ 0.47mg/kg，平均值为 0.28mg/kg。C 层底泥中镉的含量平均值为 0.48mg/kg。沈阳市土壤中镉（Cd）元素的背景值为 0.16mg/kg（表 7-1）。除 MTH-2、MTH-5、MTH-7 及 MTH-8 点位外，满堂河其余点位表层底泥中的镉含量超过了沈阳市土壤重金属背景值。除 MTH-2 点位外，满堂河其余已测点位 B 层底泥中的镉含量高于沈阳市土壤重金属背景值。满堂河所有已测点位 C 层底泥中的镉含量均高于沈阳市土壤重金属背景值。

图 7-8　满堂河表层底泥镉（Cd）含量空间分布

综上，对照沈阳市土壤重金属背景值，相比镉、锌、汞 3 种重金属，满堂河底泥中其余 5 种重金属的含量均相对较低。8 种重金属的空间分布特征不一，总体上满堂河上游段（MTH-1 ~ MTH-5）的镉、镍、铅及砷 4 类重金属含量较其他河段高，满堂河中游段（MTH-5～MTH-9）重金属铬的含量相对其余河段较高，满堂河下游段（MTH-9～MTH-12）重金属汞、镍、砷、铜及锌的含量相对其他河段较高。

7.1.2 底泥重金属含量垂向分布

满堂河具有底泥分层条件的点位较少，部分河段底泥厚度<10cm。满堂河各类重金属垂向分布各有特点，如图7-9所示。

部分点位重金属含量未达到检出限。总体上，大部分河段有B层重金属含量略高于A层重金属含量的规律，底泥中重金属含量从表层至底层有累积现象。但由于河道流动性大，部分河段重金属累积现象相对不明显。

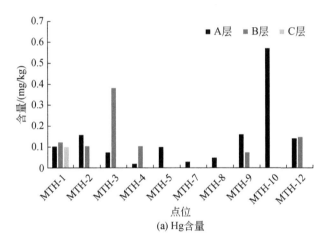

(a) Hg含量

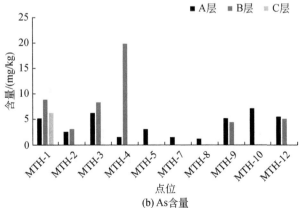

(b) As含量

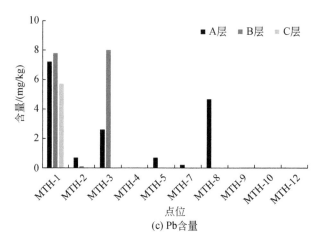

(c) Pb含量

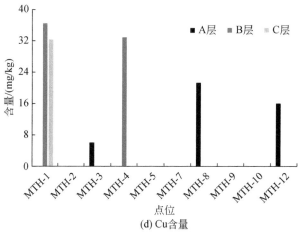

(d) Cu含量

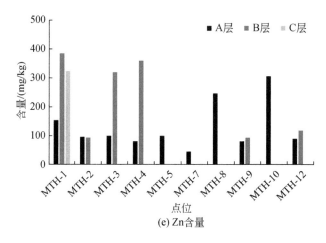

(e) Zn含量

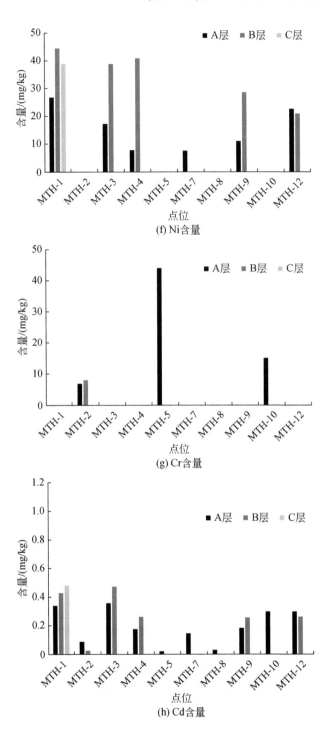

(f) Ni含量

(g) Cr含量

(h) Cd含量

图7-9　满堂河表层底泥8种重金属含量垂向变化

7.2 细河底泥重金属分布特征

7.2.1 底泥重金属含量空间分布

对细河各点位表层（0～20cm）底泥的重金属含量进行分析，采用空间插值法，获得细河底泥重金属的总体空间分布状况。

细河表层底泥中的汞（Hg）含量变化如图7-10所示。

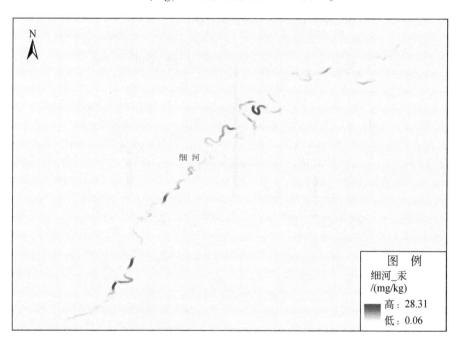

图7-10 细河表层底泥汞（Hg）含量空间分布

细河表层底泥中的Hg含量变化范围在0.06～28.31mg/kg，平均值为3.04mg/kg。沈阳市土壤环境背景值中重金属Hg的含量为0.05mg/kg，细河绝大部分采样点表层底泥Hg含量超过3倍背景值，因此可以判断，细河全河段底泥的重金属Hg含量较高，污染程度较高。其中，细河上游后庙三台村至彰驿镇河段、下游长滩镇前余张家村河段底泥中Hg的含量最高，普遍超过10.00mg/kg，超过土壤背景值200倍。

细河表层底泥中的砷（As）含量变化如图7-11所示。

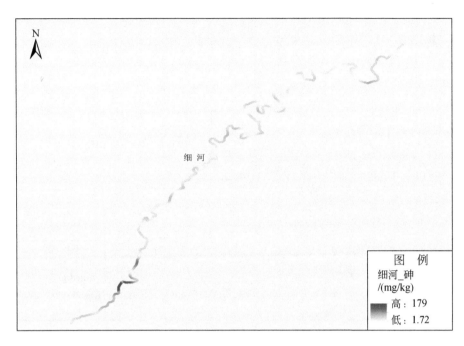

图 7-11　细河表层底泥砷（As）含量空间分布

细河表层底泥中的 As 含量变化范围在 1.72 ~ 179.00mg/kg，平均值为 12.15mg/kg。沈阳市土壤环境背景值中重金属 As 的含量为 8.79mg/kg，细河上游和中游各采样点表层底泥 As 含量略高或接近土壤背景值，低于 3 倍背景值，属于中低污染程度。下游段大部分采样点表层底泥 As 含量均在 3 倍背景值以下，仅在长滩镇前余张家村至土北村河段少数点位检出较高含量的 As。

细河表层底泥中的铅（Pb）含量变化如图 7-12 所示。

细河表层底泥中 Pb 的含量变化范围在 0 ~ 616.00mg/kg，平均值为 68.38mg/kg。沈阳市土壤环境背景值中重金属 Pb 的含量为 22.15mg/kg，细河上游段表层底泥 Pb 含量均低于 3 倍土壤背景值，属于中低污染；中游段多数采样点表层底泥 Pb 含量超过 3 倍土壤背景值，污染相对较重；下游段大兀拉村河段、前余张家村至土北村河段表层底泥中的 Pb 含量较高，部分点位超过 300mg/kg。

细河表层底泥中的铜（Cu）含量变化如图 7-13 所示。

细河表层底泥中的 Cu 含量变化范围在 2.00 ~ 1040.00mg/kg，平均值为 273.05mg/kg。沈阳市土壤环境背景值中重金属 Cu 的含量为 24.57mg/kg，细河大部分河段表层底泥 Cu 含量均超过 3 倍土壤背景值，污染程度较为严重。其中，细河上游华晨宝马铁西工厂河段，细河中游彰驿镇、新民屯镇河段，细河下游长

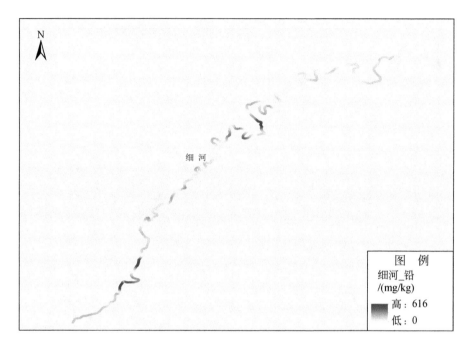

图 7-12　细河表层底泥铅（Pb）含量空间分布

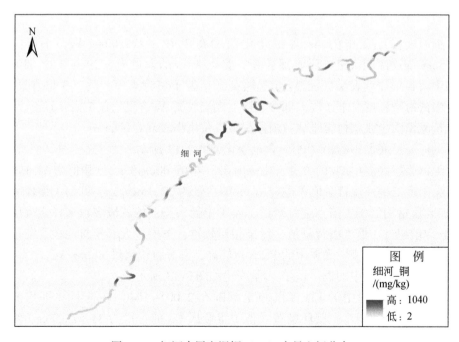

图 7-13　细河表层底泥铜（Cu）含量空间分布

滩镇土北村河段表层底泥中的 Cu 含量最高,超过 400mg/kg。

细河表层底泥中的锌(Zn)含量变化如图 7-14 所示。

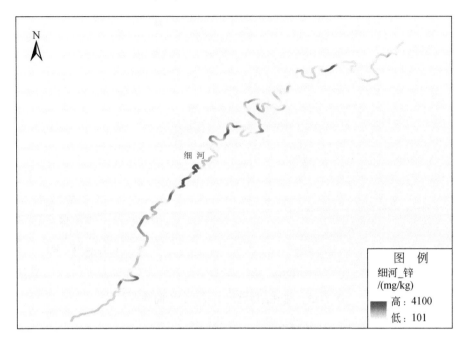

图 7-14 细河表层底泥锌(Zn)含量空间分布

细河表层底泥中的 Zn 含量变化范围在 101.00～4100.00mg/kg,平均值为 1050.46mg/kg。沈阳市土壤环境背景值中重金属 Zn 的含量为 59.84mg/kg,细河绝大部分河段表层底泥中的 Zn 含量均超过 3 倍土壤背景值,污染较为严重。其中,细河上游华晨宝马铁西工厂河段、细河中游新民屯镇宽场村河段表层底泥中的 Zn 含量最高,超过 3000mg/kg。

细河表层底泥中的镍(Ni)含量变化如图 7-15 所示。

细河表层底泥中的 Ni 含量变化范围在 0～451.00mg/kg,平均值为 74.65mg/kg。沈阳市土壤环境背景值中重金属 Ni 的含量为 27.92mg/kg,细河上游段多数点位表层底泥 Ni 含量未超过 3 倍土壤背景值,属于中低污染,但在沈阳振兴污水处理有限公司排口、华晨宝马铁西工厂河段 Ni 含量较高。细河中游大部分河段表层底泥 Ni 含量超过 3 倍土壤背景值,污染相对较重。细河下游多数点位表层底泥 Ni 含量未超过 3 倍土壤背景值,属于中低污染,仅在土北村河段检出表层底泥 Ni 含量较高,超过 100mg/kg。

细河表层底泥中的铬(Cr)含量变化如图 7-16 所示。

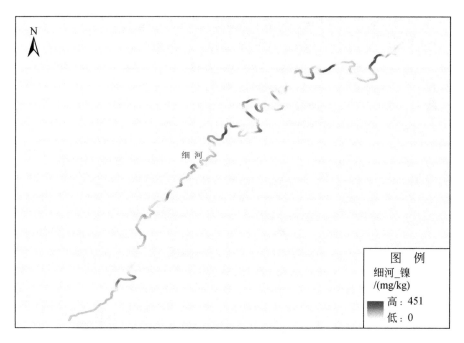

图 7-15　细河表层底泥镍（Ni）空间分布

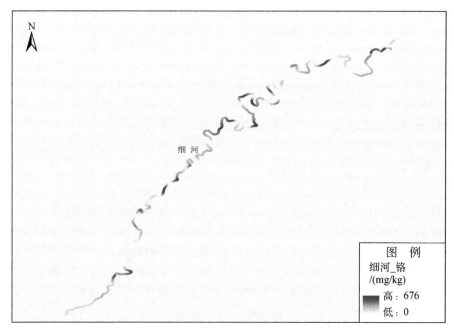

图 7-16　细河表层底泥铬（Cr）空间分布

细河表层底泥中的 Cr 含量变化范围在 0 ~ 676.00mg/kg，平均值为 163.79mg/kg。沈阳市土壤环境背景值中重金属 Cr 含量为 57.66mg/kg，细河上游段多数点位表层底泥 Cr 含量未超过 3 倍土壤背景值，属于中低污染，但在沈阳市西部污水处理厂排口、沈阳振兴污水处理有限公司排口、华晨宝马铁西工厂河段 Cr 含量较高。细河中游大部分河段表层底泥 Cr 含量超过 3 倍土壤背景值，污染相对较重。细河下游多数点位表层底泥 Cr 含量未超过 3 倍土壤背景值，属于中低污染，仅在大兀拉村、土北村河段检出表层底泥 Cr 含量较高，超过 200mg/kg。

细河表层底泥中的镉（Cd）含量变化如图 7-17 所示。

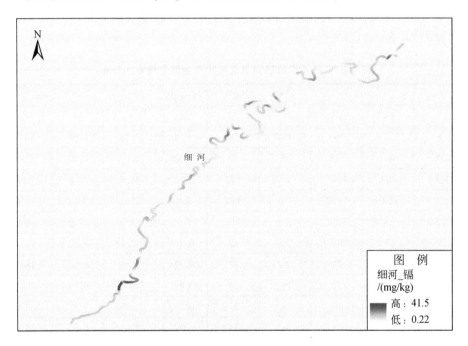

图 7-17　细河表层底泥镉（Cd）空间分布

细河表层底泥中 Cd 含量变化范围在 0.22 ~ 41.50mg/kg，平均值为 3.84mg/kg。沈阳市土壤环境背景值中重金属 Cd 含量为 0.16mg/kg，细河大部分河段表层底泥 Cd 含量均超过 3 倍土壤背景值，污染较为严重。其中，细河上游段沈阳市西部污水处理厂排口附近河段、细河下游土北村河段表层底泥 Cd 含量最高，超过 10mg/kg。

综上分析，细河表层底泥重金属含量相对较高，其中 Hg、Cu、Zn、Cd 污染最为严重。总体来说，细河上游段华晨宝马铁西工厂河段、细河中游彰驿镇河段、细河下游长滩镇大兀拉村、土北村河段表层底泥重金属含量显著高于其他河段。由于历史原因，铁西区在 2000 年以前一直是沈阳市大中型工业企业聚集区，常年排放的工业废水很可能是细河底泥重金属的主要来源。重金属具有极强的累积作用，并且在受纳水体中不易降解，排入水体的重金属绝大部分迅速地转移至沉积物和悬浮物中，并随河流水力作用逐渐分布至整个河段。另外，细河沿岸农业生产过程中农药与化肥的大量使用也可能是河道底泥重金属污染的来源。

7.2.2　底泥重金属含量垂向分布

细河全段上述 10 个观测点位底泥及沉积物中 8 种重金属含量的垂向分布情况见表 7-2 ~ 表 7-11。

表 7-2　XH-4 点位底泥及沉积物重金属含量垂向分布

深度/cm	重金属含量/（mg/kg）							
	Cu	Zn	Ni	Cr	Hg	As	Cd	Pb
2.5	37	106	136	34	1.10	7.18	2.02	38.8
22.5	48	115	38	49	0.528	7.20	0.93	37.8
47.5	400	1340	71	180	0.705	41.6	39.6	3.3
62.5	1270	2100	163	163	3.64	27.2	36.3	13.6
92.5	28	3050	329	119	2.30	38.8	57.9	9.2
125	11	202	30	<5	0.741	12.2	4.59	16.7
145	13	93	23	17	0.374	3.67	0.62	28.4
165	16	72	26	26	0.443	10.5	0.39	28.5
185	25	112	26	21	0.279	7.79	1.52	52.0
205	12	65	24	34	0.222	5.05	0.32	26.9

表 7-3　XH-11 点位底泥及沉积物重金属含量垂向分布

深度/cm	重金属含量/（mg/kg）							
	Cu	Zn	Ni	Cr	Hg	As	Cd	Pb
5	195	393	158	94	4.39	8.88	2.38	41.4
25	260	434	58	110	1.91	10.1	6.02	33.0
45	289	242	71	134	1.80	10.8	10.1	2.7
65	227	1130	51	104	0.422	1.82	4.61	11.6
85	200	666	48	90	1.18	9.09	5.52	11.5

深度/cm	重金属含量/（mg/kg）							
	Cu	Zn	Ni	Cr	Hg	As	Cd	Pb
105	355	1250	56	174	2.44	10.8	10.6	31.4
125	148	1700	63	230	5.02	22.4	11.7	31.1
145	130	2190	66	267	3.76	14.7	16.0	23.9
165	74	1500	61	130	3.89	11.2	8.69	48.8
195	60	1410	60	126	3.97	9.13	7.85	31.0

表 7-4　XH-17 点位底泥及沉积物重金属含量垂向分布

深度/cm	重金属含量/（mg/kg）							
	Cu	Zn	Ni	Cr	Hg	As	Cd	Pb
5	27	483	116	<5	0.296	2.36	2.01	30.1
25	26	374	15	<5	0.546	1.94	1.14	25.9
45	44	407	12	<5	0.343	2.30	1.01	2.8
65	57	359	14	<5	1.14	8.13	1.16	7.3
85	38	356	15	<5	0.435	1.82	1.82	7.9
105	29	219	21	<5	0.574	3.86	3.61	15.3
135	41	258	25	<5	0.307	2.56	4.08	18.5
165	29	260	22	<5	0.426	2.64	2.91	25.7
195	47	312	26	<5	0.447	2.33	3.29	26.4
225	27	144	17	<5	0.587	1.73	1.84	28.4

表 7-5　XH-23 点位底泥及沉积物重金属含量垂向分布

深度/cm	重金属含量/（mg/kg）							
	Cu	Zn	Ni	Cr	Hg	As	Cd	Pb
10	230	689	50	153	1.59	9.58	3.61	34.8
35	12	268	16	<5	0.177	8.08	0.10	33.1
55	12	81	17	17	0.164	8.24	0.01	1.5
85	14	163	19	6	0.426	8.89	0.23	10.1
115	12	179	24	<5	0.565	7.86	0.17	10.9
135	13	231	17	<5	0.412	6.98	0.20	29.1

深度/cm	重金属含量/(mg/kg)							
	Cu	Zn	Ni	Cr	Hg	As	Cd	Pb
155	12	128	17	<5	0.361	8.45	0.14	33.5
175	12	127	19	6	0.991	8.43	0.17	31.2
195	12	114	14	<5	0.330	5.08	0.12	44.2
230	10	84	16	10	0.540	4.72	0.06	23.2

表 7-6　XH-29 点位底泥及沉积物重金属含量垂向分布

深度/cm	重金属含量/(mg/kg)							
	Cu	Zn	Ni	Cr	Hg	As	Cd	Pb
10	201	908	39	106	3.21	10.9	5.17	31.6
25	46	269	31	51	1.01	10.6	1.50	25.7
45	28	176	46	30	0.180	7.74	0.88	2.3
65	5	60	17	9	0.558	1.37	0.20	5.7
85	39	276	44	18	0.394	5.94	1.88	8.7
105	5	74	15	<5	<0.002	2.13	0.62	15.3
125	6	103	19	17	0.057	2.95	0.53	13.8
145	6	62	20	19	0.216	2.01	0.64	18.8
165	5	60	18	6	<0.002	2.14	0.26	35.5
200	<1	24	<5	<5	<0.002	1.24	0.06	27.7

表 7-7　XH-37 点位底泥及沉积物重金属含量垂向分布

深度/cm	重金属含量/(mg/kg)							
	Cu	Zn	Ni	Cr	Hg	As	Cd	Pb
5	449	2040	146	132	19.2	86.5	59.6	34.3
25	176	614	77	62	6.57	17.7	0.91	39.6
45	14	104	13	<5	0.465	13.1	4.97	0.8
65	64	483	36	8	0.988	12.1	1.25	4.3
85	11	116	11	<5	0.363	8.02	6.03	3.8
105	<1	35	<5	<5	0.161	2.41	1.04	16.0
125	3	51	7	<5	0.420	1.91	0.18	22.6
145	<1	26	<5	<5	0.103	1.29	0.11	18.4

深度/cm	重金属含量/(mg/kg)							
	Cu	Zn	Ni	Cr	Hg	As	Cd	Pb
175	<1	35	7	<5	0.061	1.08	0.02	37.3
215	<1	29	5	<5	0.148	1.69	0.03	35.4

表7-8　XH-48 点位底泥及沉积物重金属含量垂向分布

深度/cm	重金属含量/(mg/kg)							
	Cu	Zn	Ni	Cr	Hg	As	Cd	Pb
5	231	2100	72	257	3.04	8.97	1.40	23.0
25	26	228	29	28	0.429	4.39	4.55	24.9
45	31	150	24	<5	0.449	3.46	0.19	0.4
65	15	91	22	11	0.180	4.74	0.17	3.9
85	13	1230	21	<5	0.295	2.21	0.09	2.9
105	<1	52	7	<5	0.081	1.45	1.39	13.2
125	<1	56	10	<5	0.053	1.46	0.06	26.9
145	<1	55	11	<5	0.315	2.02	0.09	27.5
180	9	64	15	<5	0.095	1.87	0.06	43.2
220	<1	48	11	<5	0.516	1.46	0.04	26.3

表7-9　XH-59 点位底泥及沉积物重金属含量垂向分布

深度/cm	重金属含量/(mg/kg)							
	Cu	Zn	Ni	Cr	Hg	As	Cd	Pb
5	42	176	31	31	0.468	6.61	3.78	35.2
35	16	62	23	13	0.617	5.12	0.15	42.2
55	19	86	25	19	0.496	3.95	0.01	1.2
75	19	82	25	37	0.139	4.99	0.19	4.2
95	9	58	19	14	0.568	2.50	0.10	3.1
115	15	62	22	10	0.529	2.43	0.14	9.8
135	13	65	20	<5	0.398	2.60	0.13	31.1
155	13	40	17	<5	0.405	2.13	0.17	30.8
175	18	33	20	<5	0.291	4.57	0.11	37.9
195	15	31	16	<5	0.370	4.36	0.08	29.0

表 7-10　XH-65 点位底泥及沉积物重金属含量垂向分布

深度/cm	重金属含量/（mg/kg）							
	Cu	Zn	Ni	Cr	Hg	As	Cd	Pb
5	12	141	121	6	0.278	104.10	4.34	25.7
25	14	88	23	12	0.500	86.76	1.63	26.9
35	13	77	21	17	0.385	7.06	0.80	0.8
65	11	77	18	10	0.533	7.25	0.35	4.6
95	9	86	18	<5	0.320	6.84	2.26	4.8
125	11	77	20	7	0.597	9.08	0.95	11.4
155	8	70	16	<5	0.360	5.73	1.09	27.4
185	5	69	14	<5	0.288	8.97	1.12	32.0
230	7	49	12	<5	0.188	2.49	0.20	26.3
290	6	62	16	<5	0.171	3.64	0.07	29.5

表 7-11　XH-69 点位底泥及沉积物重金属含量垂向分布

深度/cm	重金属含量/（mg/kg）							
	Cu	Zn	Ni	Cr	Hg	As	Cd	Pb
5	30	754	77	131	1.23	117.97	25.8	14.3
25	33	179	13	<5	0.587	92.74	0.97	37.6
45	37	208	13	<5	0.326	2.48	9.32	0.0
85	32	356	18	<5	0.321	4.94	1.61	4.3
105	<1	22	<5	<5	0.167	2.76	5.85	2.7
125	<1	28	<5	<5	0.092	2.07	0.71	10.3
145	5	58	8	<5	0.045	4.13	0.30	36.5
165	8	61	14	<5	0.122	3.50	0.17	27.2
185	4	58	11	<5	0.308	3.37	0.03	52.4
230	6	64	12	<5	0.385	2.88	0.04	37.3

　　参考沈阳市土壤环境背景值中 8 种重金属的含量可以判断，各观测点位底泥及沉积物中 Hg、Cd 含量在垂向总体较高，大部分观测点位在 0～150cm 深度内含量较高。各观测点位 Pb 含量在垂向 0～200cm 深度内为背景值的 1～2 倍，结合其他点位在 0～80cm 深度内的 Pb 含量分析，Pb 在垂向为中低程度污染。Cu

在上游段 3 个观测点位垂向 0～200cm 深度内含量较高，中游段和下游段主要是表层 0～30cm 深度内受到污染，30cm 以下深度的垂向含量与背景值较为接近。As 在下游段长滩镇前余张家村至土北村河段表层 0～30cm 深度内含量较高，其余大部分观测点位底泥垂向含量与背景值较为接近。Ni、Cr 在上游段沈阳西部污水厂排口至华晨宝马铁西工厂河段的 2 个观测点位（XH-4、XH-11）中垂向含量总体较高，其余河段观测点位主要在表层 0～30cm 深度内含量较高。Zn 在上游段 3 个观测点位的 0～200cm 深度内含量较高，中游段 4 个观测点位的 0～100cm 深度内含量较高，下游段 3 个观测点位表层 0～30cm 深度内含量较高。

7.3 满堂河底泥有毒有害有机污染物分布特征

7.3.1 多氯联苯

对满堂河部分点位底泥中的 2,4,4′-三氯联苯、2,2′,5,5′-四氯联苯、2,2′, 4,5,5′-五氯联苯等 18 种多氯联苯含量进行检测，检测结果见附表 15。检测结果显示，检测样品中 18 种多氯联苯含量均低于各自的检出限，这说明满堂河底泥中未检测出 2,4,4′-三氯联苯、2,2′,5,5′-四氯联苯、2,2′,4,5,5′-五氯联苯等 18 种多氯联苯物质。

7.3.2 有机磷、有机氯农药

对满堂河部分点位底泥中的六六六、滴滴涕等有机氯农药及有机磷农药含量进行检测，检测结果见附表 2。结果显示，各检测点位底泥中有机磷农药（乐果、敌敌畏、甲基对硫磷等）含量未达到检出限，即未检出有机磷农药类物质。

各检测点位底泥中检出少量的六六六及滴滴涕，六六六主要有 α-BHC、β-BHC、γ-BHC 三类物质，α-BHC 含量范围为 0.19～0.65μg/kg，β-BHC 含量范围为 0.39～0.62μg/kg，γ-BHC 含量变化范围为 0.33～0.63μg/kg；滴滴涕主要以 p, p'-DDE 类物质为主，含量变化范围为 0.34～0.77μg/kg，其余物质如 o, p'-DDT、p, p'-DDD 及 p, p'-DDT 等均未检出。

综上，满堂河底泥中未检出有机磷农药（乐果、敌敌畏、甲基对硫磷等）类物质。底泥中检出少量的六六六及滴滴涕，六六六主要有 α-BHC、β-BHC、γ-BHC 三类物质，含量变化范围分别为 0.19～0.65μg/kg、0.39～0.62μg/kg、0.33～0.63μg/kg；滴滴涕主要以 p, p'-DDE 类物质为主，含量变化范围为

$0.34 \sim 0.77\mu g/kg$。

7.3.3 多环芳烃

对满堂河部分点位底泥中萘、苊烯、苊、芴、菲、蒽等16种多环芳烃含量进行检测,检测结果见附表3。

除荧蒽及苯并 [b] 荧蒽外,所有检测样品中其他的多环芳烃物质如萘、苊烯、苊、芴、菲、蒽、芘、苯并 [a] 蒽、䓛、苯并 [k] 荧蒽、苯并 [a] 芘、二苯并 [a,h] 蒽、苯并 (g,h,i) 芘、茚并 [1,2,3-cd] 芘等的含量均未达到各自的检出限,即未检出。

MTH-8点位检测出一定含量的荧蒽,含量达到$26.2\mu g/kg$;各检测点位中均测出苯并 [b] 荧蒽物质,含量变化范围为$2070 \sim 3170\mu g/kg$。

7.4 细河底泥有毒有害有机污染物分布特征

7.4.1 多氯联苯

对细河部分点位底泥中18种多氯联苯含量进行检测,检测结果见附表4。所有检测样品中多氯联苯含量均低于检出限,说明细河底泥多氯联苯分布种类较少,受该类物质污染程度较轻。

7.4.2 有机磷、有机氯农药

对细河部分点位底泥中12种有机磷、有机氯农药含量进行检测,检测结果见附表5。细河大多数检测点位底泥的有机氯农药含量普遍低于$10\mu g/kg$,有机磷农药含量全部低于检出限,各类农药物质总体含量偏低,但是在细河上游四环路附近河段底泥有较高含量的p,p'-DDT检出,细河下游大兀村附近河段底泥o,p'-DDT、土北村拦河闸河段底泥γ-BHC含量偏高。

7.4.3 多环芳烃

对细河部分点位底泥中16种多环芳烃含量进行检测,检测结果见附表6。所有检测点位中萘、苊、蒽、二苯并 [a,h] 蒽的含量均低于检出限,但少数点位苯并［a］蒽、苯并［a］芘的含量超过100μg/kg，少数点位苊烯、芴、苯并［k］荧蒽、茚并［1，2，3-cd］芘的含量超过1000μg/kg，菲、荧蒽、芘、䓛、苯并（g，h，i）苝、苯并［b］荧蒽在大部分检测点位均能检出，且含量较高，其中苯并［b］荧蒽在各检测点位中含量最高，部分点位超过10 000μg/kg，是细河底泥污染最为显著的多环芳烃类物质。细河上游四环路附近河段、大潘镇附近河段、细河中游彰驿镇附近河段、细河下游四分干渠汇入口附近河段、大兀拉村、前余张家村、土北村附近河段的多环芳烃含量相对较高，各类多环芳烃物质的总含量超过2000μg/kg，相应河段底泥多环芳烃污染较为严重。

第八章 典型河流底泥污染状况评估

8.1 氮磷环保疏浚控制值确定

8.1.1 满堂河

根据 2.7 节所述实验方法，从满堂河所有底泥样品中选取 20 个样品进行氮、磷吸附–解吸实验，得到各底泥样品氮、磷吸附–解吸回归方程和平衡浓度，如表 8-1 和表 8-2 所示。

表 8-1 满堂河各底泥样品氨氮平衡浓度及总氮含量分布

编号	总氮含量 /（mg/kg）	平衡浓度 /（mg/L）	回归方程	R^2
MTH-4-M-A	226	0.35	$y = 0.0878x - 0.0304$	0.97
MTH-2-R-A	295	0.47	$y = 0.0748x - 0.0355$	0.92
MTH-8-L-A	281	0.5	$y = 0.0254x - 0.0128$	0.93
MTH-2-L-A	509	0.63	$y = 0.103x - 0.0652$	0.93
MTH-5-R-A	398	0.76	$y = 0.1016x - 0.0771$	0.99
MTH-2-L-B	712	0.8	$y = 0.1006x - 0.0809$	0.97
MTH-9-R-A	571	0.94	$y = 0.0754x - 0.0711$	0.92
MTH-10-L-B	542	1.33	$y = 0.1148x - 0.1529$	0.98
MTH-9-R-B	946	1.35	$y = 0.1296x - 0.1752$	0.98
MTH-2-R-B	912	1.45	$y = 0.025x - 0.0362$	0.97
MTH-4-R-A	1013	1.47	$y = 0.0262x - 0.0386$	0.99
MTH-9-L-B	1272	1.75	$y = 0.2591x - 0.4543$	0.95
MTH-1-R-B	1205	1.87	$y = 0.0872x - 0.1628$	0.97
MTH-7-L-A	1340	2.32	$y = 0.0234x - 0.0544$	0.99
MTH-1-M-A	1906	2.69	$y = 0.0346x - 0.0932$	0.96

编号	总氮含量 /（mg/kg）	平衡浓度 /（mg/L）	回归方程	R^2
MTH-1-R-A	1724	2.92	$y = 0.0585x - 0.1708$	0.95
MTH-9-L-A	1676	2.95	$y = 0.0542x - 0.1599$	0.92
MTH-3-L-A	2483	3.91	$y = 0.0164x - 0.0642$	0.9
MTH-3-L-B	2329	4.14	$y = 0.079x - 0.3272$	0.9
MTH-11-L-A	2675	4.33	$y = 0.032x - 0.1387$	0.94

表 8-2　满堂河各底泥样品总磷平衡浓度及含量分布

编号	总氮含量 /（mg/kg）	平衡浓度	回归方程	R^2
MTH-5-L-A	116	0.06	$y = 1.0521x - 0.0648$	0.94
MTH-10-L-A	266	0.07	$y = 1.1205x - 0.0834$	0.92
MTH-2-R-A	235	0.09	$y = 1.2732x - 0.1191$	0.9
MTH-8-L-A	286	0.11	$y = 0.7292x - 0.0797$	0.9
MTH-2-R-B	582	0.19	$y = 0.5208x - 0.0977$	0.91
MTH-2-L-B	325	0.22	$y = 0.6333x - 0.1409$	0.97
MTH-7-R-A	401	0.23	$y = 1.0911x - 0.2527$	0.97
MTH-4-L-A	733	0.24	$y = 0.4716x - 0.1117$	0.95
MTH-5-M-A	646	0.29	$y = 0.1881x - 0.0538$	0.97
MTH-10-R-A	825	0.37	$y = 0.5645x - 0.2098$	0.93
MTH-1-R-B	633	0.54	$y = 0.3015x - 0.162$	0.94
MTH-6-L-A	1710	0.81	$y = 0.0587x - 0.0473$	0.91

　　将各底泥样品的氨氮吸附-解吸平衡浓度值与总氮含量值进行一元线性拟合，如图 8-1 所示。根据《沈阳市水污染防治工作实施方案》（2016—2020 年）要求，满堂河水质目标定为 V 类水质，即以《地表水环境质量标准》（GB 3838—2002）规定的 V 类水质氨氮浓度为目标（2.0mg/L），根据上述回归方程可计算得出满堂河底泥总氮控制值为 1230mg/kg。

　　同上，将各底泥样品的总磷吸附-解吸平衡浓度值与总磷含量值进行一元线性拟合，如图 8-2 所示。以《地表水环境质量标准》（GB 3838—2002）规定的 V 类水质总磷浓度为目标（0.4mg/L），根据上述回归方程可计算得到满堂河底泥总磷控制值为 790mg/kg。

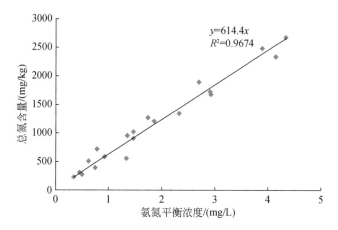

图 8-1　底泥氨氮吸附–解吸平衡浓度值与总氮含量值一元线性回归拟合

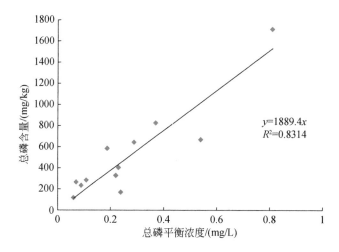

图 8-2　底泥总磷吸附–解吸平衡浓度值与总磷含量值一元线性回归拟合

8.1.2　细河

依据《湖泊河流环保疏浚工程技术指南（试行）》，通过开展水体底泥氮、磷吸附–解吸实验，采用吸附–解吸平衡法，确定氮、磷污染底泥环保疏浚控制值。底泥氮、磷吸附–解吸实验方法见"2.7.1 高氮磷污染控制值确定方法"。

根据底泥在上覆水不同的氮、磷浓度条件下对氮、磷的吸附量进行线性回归，回归直线在 x 轴上的截距表示底泥达到氮、磷吸附–解吸平衡点时上覆水体中氮、磷的浓度；直线的斜率表示随上覆水体中氮、磷初始浓度的增加（或减少），吸附量（或释放量）增加的快慢，即回归直线的斜率可用来衡量底泥对氮、磷的吸附或释放速率。

根据上述实验方法，从细河所有底泥样品中选取 20 个样品进行氮、磷等温吸附–解吸实验，得到各底泥样品氮、磷吸附–解吸回归方程和平衡浓度，如表 8-3、表 8-4 所示。

表 8-3　细河底泥对氨氮吸附–解吸回归方程及平衡浓度

编号	总氮含量 /（mg/kg）	吸附–解吸回归方程	R^2	平衡浓度 /（mg/L）
XH-8-R-A	3640	$y = 0.0466x - 0.3286$	0.90	7.05
XH-20-M-A	1910	$y = 0.0430x - 0.1018$	0.96	2.37
XH-24-L-A	2704	$y = 0.1464x - 0.4975$	0.90	3.40
XH-25-L-C	7094	$y = 0.0247x - 0.2146$	0.95	8.69
XH-27-R-A	3780	$y = 0.0328x - 0.1505$	0.95	4.59
XH-27-L-A	2051	$y = 0.0186x - 0.0606$	0.91	3.26
XH-30-R-A	5130	$y = 0.0212x - 0.0965$	0.92	7.91
XH-32-L-B	2983	$y = 0.0230x - 0.0825$	0.93	3.59
XH-33-R-B	4798	$y = 0.0414x - 0.2974$	0.94	7.18
XH-38-R-A	4240	$y = 0.0288x - 0.1799$	0.96	6.25
XH-38-L-A	6182	$y = 0.0536x - 0.4537$	0.90	8.10
XH-40-R-B	2666	$y = 0.0400x - 0.1020$	0.95	2.55
XH-41-L-A	6931	$y = 0.0922x - 0.7696$	0.92	8.35
XH-42-L-C	2810	$y = 0.0146x - 0.0726$	0.90	4.97
XH-50-R-C	8708	$y = 0.0368x - 0.3519$	0.90	9.00
XH-55-L-A	3020	$y = 0.0120x - 0.0473$	0.90	3.94
XH-60-R-A	6700	$y = 0.0536x - 0.4537$	0.90	7.33
XH-66-L-B	3800	$y = 0.0675x - 0.3224$	0.95	4.78
XH-70-L-B	438	$y = 0.0353x - 0.2933$	0.90	1.25
XH-72-R-A	1410	$y = 0.0358x - 0.0677$	0.93	1.89

表8-4　细河底泥对总磷吸附−解吸回归方程及平衡浓度

编号	总氮含量 /(mg/kg)	吸附−解吸回归方程	R^2	平衡浓度 /(mg/L)
XH-1-M-A	616	$y = 0.4958x - 0.1636$	0.91	0.33
XH-4-L-B	1750	$y = 0.1758x - 0.1606$	0.92	0.91
XH-8-R-A	1673	$y = 0.3110x - 0.1474$	0.91	0.47
XH-13-L-C	1300	$y = 0.2700x - 0.1320$	0.90	0.49
XH-16-L-B	1410	$y = 0.1496x - 0.0745$	0.93	0.50
XH-20-R-A	1620	$y = 0.4528x - 0.2359$	0.98	0.52
XH-24-L-B	575	$y = 0.2729x - 0.0519$	0.92	0.19
XH-26-L-A	1880	$y = 0.3942x - 0.2409$	0.96	0.61
XH-30-R-A	3330	$y = 0.0748x - 0.1070$	0.92	1.43
XH-33-L-B	1670	$y = 0.3577x - 0.2862$	0.98	0.80
XH-37-L-A	636	$y = 0.1350x - 0.0351$	0.91	0.26
XH-51-R-A	693	$y = 0.3002x - 0.1531$	0.97	0.51
XH-55-L-A	2330	$y = 0.2556x - 0.2154$	0.99	0.84
XH-64-M-A	3310	$y = 0.2654x - 0.2886$	0.91	1.09
XH-69-L-A	1281	$y = 0.2395x - 0.1708$	0.90	0.71

　　将各底泥样品的氨氮吸附−解吸平衡浓度值与总氮含量值进行一元线性拟合，得到以氨氮平衡浓度为变量，以总氮含量为函数的一元回归方程，如图8-3所示。以《地表水环境质量标准》（GB 3838—2002）规定的Ⅴ类水质氨氮浓度为目标（2.0mg/L），根据上述回归方程计算得到细河底泥总氮控制值为1540mg/kg。

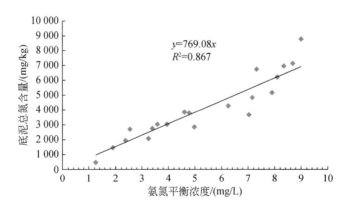

图8-3　底泥氨氮吸附−解吸平衡浓度值与总氮含量值一元线性回归拟合

将各底泥样品的总磷吸附–解吸平衡浓度值与总磷含量值进行一元线性拟合，得到以总磷平衡浓度为变量，以总磷含量为函数的一元回归方程，如图8-4所示。以《地表水环境质量标准》（GB 3838—2002）规定的Ⅴ类水质总磷浓度为目标（0.4mg/L），根据上述回归方程计算得到细河底泥总磷控制值为990mg/kg。

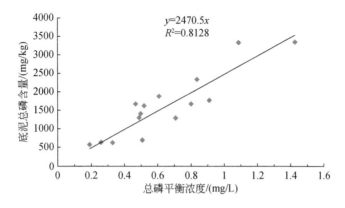

图8-4　底泥总磷吸附–解吸平衡浓度值与总磷含量值一元线性回归拟合

8.2　底泥氮磷污染状况评估

8.2.1　满堂河

满堂河各点位表层底泥总氮含量变化如图8-5所示，图中横线为总氮控制阈值（1230mg/kg）。可见，满堂河表层底泥各点位间总氮含量变化波动较大，部分点位的总氮含量值超过了满堂河的总氮控制值，如MTH-1、MTH-3、MTH-5、MTH-6、MTH-8、MTH-10、MTH-11等点位；仍有个别点位的总氮含量低于或远远低于总氮控制值。

整体上满堂河中下游段（MTH-5～MTH-12）的总氮含量较上游段（MTH-1～MTH-5）的总氮含量高，满堂河中下游段（MTH-5～MTH-12）的氮污染程度高于其他河段，这或与满堂河流经城镇生活区域有关。

满堂河各点位表层底泥总磷含量变化如图8-6所示，图中横线为满堂河总磷控制值（790mg/kg）。可以看出，MTH-3、MTH-9、MTH-12点位的表层总磷含量超过了满堂河的磷控制值，其余点位表层的总磷含量均未超过满堂河的总磷控制值。总体上，满堂河上下游河段的表层磷污染程度较其他河段轻。

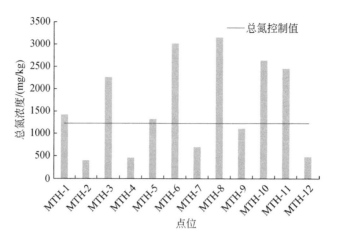

图 8-5　满堂河各点位表层底泥总氮含量与控制值对比

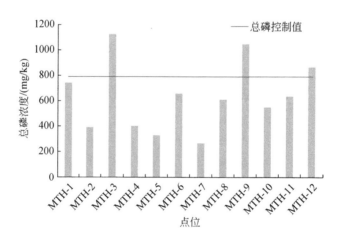

图 8-6　满堂河各点位表层底泥总磷含量与控制值对比

综合比较满堂河总氮污染与总磷污染，满堂河底泥中以氮污染为主，磷污染较氮污染较轻。满堂河中下游段（MTH-5～MTH-12）的氮污染较上游段（MTH-1～MTH-5）的氮污染程度高，满堂河中游河段的表层磷污染程度较其他河段重。

8.2.2　细河

细河各采样点位底泥表层（0～20cm）总氮含量如图 8-7 所示，图中横线表示总氮控制值。可知，细河上游段（XH-1 ~ XH-21）表层底泥总氮含量普遍高于总氮控制值，但在大潘镇附近部分河段降至控制值以下；中游段（XH-21 ~ XH-48）大部分河段表层底泥高于总氮控制值，但在新民屯镇附近部分河段降至控制值以下；下游段（XH-48 ~ XH-74）表层底泥总氮含量总体低于上游和中游段，其中在大兀拉村下游附近部分河段、土北村至入浑河口河段表层底泥总氮含量低于总氮控制值。

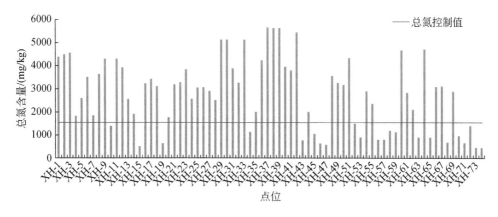

图 8-7　细河各采样点位表层底泥总氮含量

　　细河各采样点位表层底泥总磷含量如图 8-8 所示，图中横线表示总磷控制值。与总氮含量分布规律类似，上游段和中游段表层底泥总磷含量总体高于下游段，从起点四环路桥至彰驿镇石灰窑子村河段表层底泥总磷含量普遍高于总磷控制值。

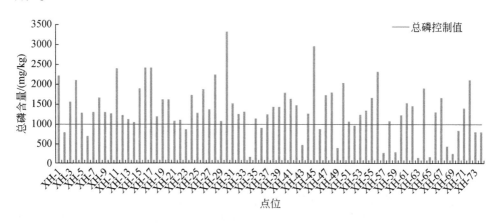

图 8-8　细河各采样点位表层底泥总磷含量

根据细河各点位氮磷含量的垂向分布，采用插值法可以大致拟合得到各点位底泥总氮、总磷含量达到控制值的垂向深度，即各点位底泥氮磷污染层的厚度。具体结果见图8-9、图8-10。

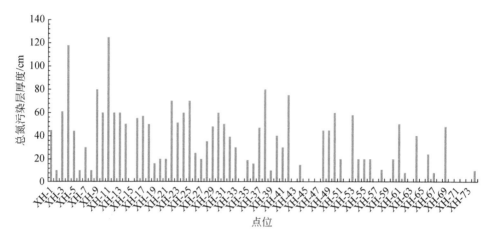

图8-9 细河各点位底泥总氮污染层厚度

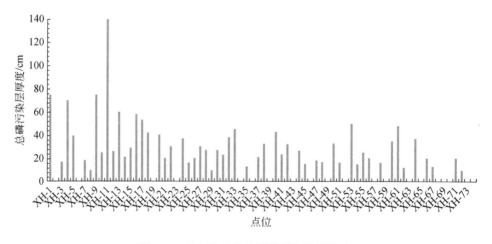

图8-10 细河各点位底泥总磷污染层厚度

细河上游段（XH-1～XH-21）总氮污染层平均厚度为47cm，其中沈阳华晨宝马铁西工厂河段的总氮污染层厚度显著大于其他河段；细河中游段（XH-21～XH-48）总氮污染层平均厚度为34cm；细河下游段（XH-48～XH-74）总氮污染层平均厚度为19cm。

细河上游段（XH-1～XH-21）总磷污染层平均厚度为39cm；细河中游段（XH-21～XH-48）总磷污染层平均厚度为20cm；细河下游段（XH-48～XH-74）总磷污染层平均厚度为14cm。上游河段总磷污染层厚度总体大于中游、下游河段，但下游部分河段，如长滩镇大兀拉村河段总磷污染层厚度显著大于其他河段。

8.3　底泥重金属潜在生态风险评估

8.3.1　满堂河

根据2.7.2节重金属风险评估方法进行满堂河底泥重金属潜在生态风险评估，其中C_R^i（计算所需的参比值，mg/kg）采用1986年中国科学院林业土壤研究所吴燕玉等调查得出的沈阳市土壤环境背景值数据（表7-1）。

满堂河底泥中8种重金属的单一污染物污染系数变化如图8-11所示。由图8-11可看出，满堂河各层各点位底泥中8种重金属单一污染物污染系数变化不一，各点位不同种类重金属的单一污染物污染系数变化较大。MTH-3、MTH-8、MTH-9、MTH-10点位表层底泥中汞、锌、镉三种重金属元素的单一污染系数较其他重金属高，处于中等污染以上水平，其他5种重金属元素污染程度较低。此外，满堂河B层、C层也有类似的现象，满堂河中上游河段B层中汞、锌元素的污染程度较其他元素重，如MTH-1、MTH-3、MTH-4点位的汞、锌元素的单一污染物污染系数高于其他元素。

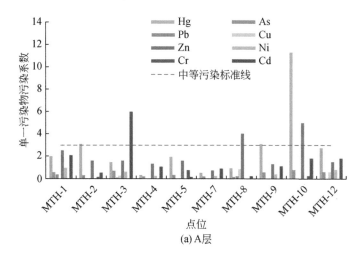

(a) A层

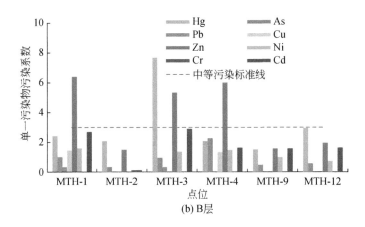

(b) B层

图 8-11　满堂河各层底泥重金属单一污染物污染系数变化

图 8-12 为满堂河各点位底泥不同分层下 8 种重金属潜在生态风险系数变化。由图 8-12 中可看出，满堂河所有点位的砷、铅、铜、锌、镍、铬 6 种重金属的潜在生态风险系数均低于中等污染水平，但部分点位如 MTH-1、MTH-2、MTH-3、MTH-4、MTH-9、MTH-10、MTH-12 点位的汞、镉重金属潜在生态风险系数高于中等污染水平。综合来看，满堂河部分点位汞、镉元素的潜在生态风险系数高于中等污染水平，其余 6 类重金属潜在生态风险较前两种重金属低。A 层、B 层、C 层均有类似规律，除汞、镉外，其余种类重金属潜在生态风险系数较低。

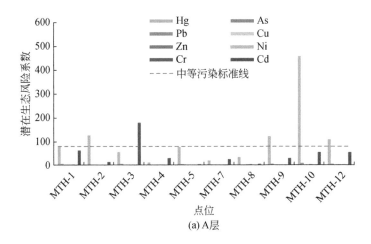

(a) A层

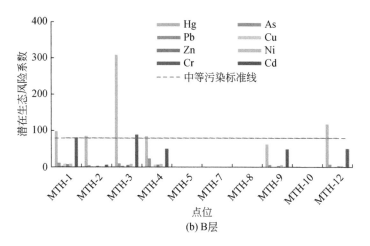

(b) B层

图 8-12　满堂河各层底泥各类重金属潜在生态风险系数变化

图 8-13 为满堂河各层底泥重金属潜在生态风险指数变化。如图 8-13 所示，除 MTH-3、MTH-10 点位外，满堂河其余点位的重金属潜在生态风险指数均低于中等污染水平，总体指数变化范围为 51.01～527.32。上游（MTH-1～MTH-5）段及下游（MTH-9～MTH-12）河段的重金属潜在生态风险较高，相比之下中游（MTH-5～MTH-9）段重金属潜在生态风险较低，总体上满堂河重金属的潜在生态风险低于高风险水平。

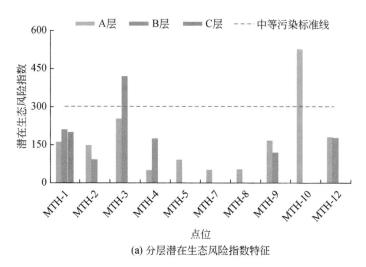

(a) 分层潜在生态风险指数特征

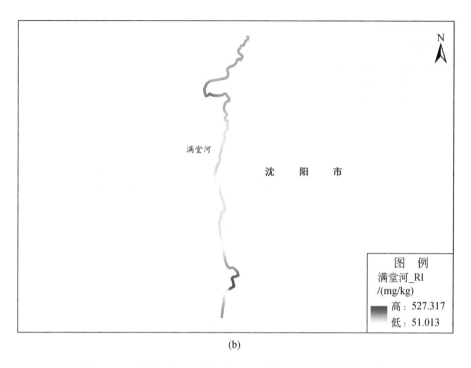

(b)

图 8-13　满堂河表层底泥各类重金属潜在生态风险指数变化

8.3.2　细河

　　根据前文 2.7.2 节所介绍方法进行细河底泥重金属污染潜在生态环境风险评估，其中 C_R^i（计算所需的参比值，mg/kg）采用中国科学院林业土壤研究所于1986 年发布的沈阳市土壤环境重金属含量背景值。细河表层底泥（0～20cm）重金属潜在生态风险指数分布如图 8-14 所示，细河表层底泥重金属潜在生态风险指数（RI）整体较高，指数变化范围为 288.22～24 704.20，大部分河段 RI 值均超过 300，处于高风险等级。其中，细河上游沈阳市西部污水处理厂附近河段、华晨宝马铁西工厂河段、细河中游彰驿镇后庙三台村至石灰窑子村河段、彰驿镇河段、细河下游长滩镇大兀拉村河段、前余张家村至土北村河段的重金属潜在生态风险指数显著高于其他河段。

　　细河绝大部分采样点位表层底泥中 Hg 和 Cd 的单一污染物潜在生态风险系数均大于 80，细河表层底泥中这两种重金属处于高风险等级。所有采样点位表层底泥中 Zn 和 Cr 的单一污染物潜在生态风险系数均小于 80，细河表层底泥中这两种重金属处于中低风险等级。As 和 Pb 在绝大部分采样点位表层底泥中处于中

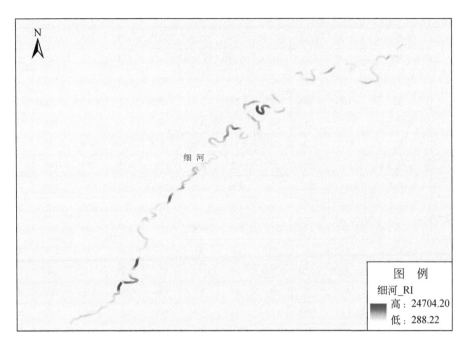

图 8-14　细河表层底泥中 8 种重金属的潜在生态风险指数分布

低风险等级，仅在下游土北村河段出现高风险。Ni 在绝大部分采样点位表层底泥中处于中低风险等级，仅在上游沈阳振兴污水处理有限公司排口河段出现高风险。Cu 在上游大部分采样点位表层底泥中处于中低风险等级，但在上游沈阳市西部污水处理厂排口、沈阳振兴污水处理有限公司排口河段以及华晨宝马铁西工厂河段出现高风险；Cu 在中游后庙三台村至双树坨子村河段、彰驿镇下游河段，在下游大兀村河段、土北村河段出现高风险。

综上所述，细河表层底泥的重金属潜在生态风险主要来源于 Hg 和 Cd 这两种重金属。

对细河（四环路–入浑河口）上述 10 个观测点位底泥垂向重金属潜在生态风险进行评估，结果见表 8-5。细河上游段 3 个观测点位在垂向 0～165cm 深度内的重金属潜在生态风险值（RI）均超过 300，处于高风险等级；中、下游观测点位主要在垂向 0～100cm 深度内处于高风险等级。结合细河其他点位底泥 0～80cm 深度内重金属潜在生态风险值可以判断，细河（四环路–入浑河口）大部分河段底泥在 0～50cm 深度内处于高风险等级，上游沈阳市西部污水处理厂排口河段、华晨宝马铁西工厂至大潘镇河段在垂向 0～200cm 深度内重金属潜在生态风险较高，需要重点关注。

表 8-5　细河观测点位底泥及沉积物重金属潜在生态风险值（RI）垂向分布

XH-4	深度/cm	2.5	22.5	47.5	62.5	92.5	125	145	165	185	205
	RI	1 295	634	8 163	10 080	12 855	1 481	436	455	541	258
XH-11	深度/cm	5	25	45	65	85	105	125	145	165	195
	RI	4 034	2 748	3 424	1 285	2 051	4 075	6 327	6 119	4 825	4 713
XH-17	深度/cm	5	25	45	65	85	105	135	165	195	225
	RI	640	673	485	1 156	709	1 158	1 035	909	1 002	833
XH-23	深度/cm	10	35	55	85	115	135	155	175	195	230
	RI	2 044	187	150	406	506	390	339	848	309	461
XH-29	深度/cm	10	25	45	65	85	105	125	145	165	200
	RI	3 621	1 129	337	493	698	127	159	306	65	20
XH-37	深度/cm	5	25	45	65	85	105	125	145	175	215
	RI	26 823	5 520	1 326	1 067	1 437	331	380	109	64	136
XH-48	深度/cm	5	25	45	65	85	105	125	145	180	220
	RI	2 814	1 223	412	191	284	332	65	280	105	430
XH-59	深度/cm	5	35	55	75	95	115	135	155	175	195
	RI	1117	546	414	165	483	462	360	372	274	329
XH-65	深度/cm	5	25	35	65	95	125	155	185	230	290
	RI	1 055	728	475	509	694	676	511	462	201	166
XH-69	深度/cm	5	25	45	85	105	125	145	165	185	230
	RI	5 876	675	2 026	581	1 236	212	109	145	271	331

8.4　底泥有毒有害污染物潜在生态风险评估

8.4.1　满堂河

　　根据 2.7.3 节所述沉积物质量基准法，对满堂河底泥进行有毒有害污染物潜在生态风险评估。

　　满堂河各检测点位均未检出 2,4,4′-三氯联苯、2,2′,5,5′-四氯联苯、2,2′,4,5,5′-五氯联苯等 18 种多氯联苯物质，即低于多氯联苯环境风险评价低值 22.7μg/kg，说明满堂河多氯联苯类物质发生生态风险的概率较低（小于10%），几乎不会对周边人类及生态环境产生危害。

参考美国环境保护署关于河流沉积物中多环芳烃的 SQC 评价方法，对满堂河底泥多环芳烃的生态风险进行评估。满堂河所有检测点位中萘、苊烯、苊、芴、菲、蒽、芘、苯并［a］蒽、䓛、苯并［a］芘、二苯并［a，h］蒽等多环芳烃物质未检出，荧蒽含量仅为 $26\mu g/kg$，即污染物含量低于各类物质对应的风险评价低值 ERL，表明以上多环芳烃类物质发生生态风险的概率较低（小于10%），对周边人类及生态环境产生危害的程度低。

苯并［k］荧蒽、茚并［1，2，3-cd］芘、苯并（g，h，i）苝、苯并［b］荧蒽未规定最低安全值，但只要这几种多环芳烃组分在环境中存在就有一定的生态风险。满堂河底泥中苯并［k］荧蒽、苯并（g，h，i）苝及茚并［1，2，3-cd］芘物质未检出，此三类物质无生态风险。满堂河底泥中检测出定量的苯并［b］荧蒽物质，表明此类物质存在一定的生态风险。

8.4.2 细河

采用沉积物质量基准法（SQC）对细河底泥有毒有害污染物潜在生态风险进行评估。

参考美国环境保护署关于河流沉积物中有毒有害污染物质量标准值，多氯联苯环境风险评价低值 ERL 为 22.7ng/g，评价中值 ERM 为 180ng/g。根据细河各采样点位底泥多氯联苯含量检测结果，细河所有采样点位的多氯联苯总含量均低于上述 ERL 值，说明细河底泥多氯联苯的生态风险较低。

参考美国环境保护署关于河流沉积物中有机氯农药、多环芳烃的 SQC 评价方法，对细河底泥有机氯农药和多环芳烃的生态风险进行评估。

根据底泥有机氯农药含量检测结果，细河各检测点位底泥的有机氯农药含量普遍低于 ERL 值，生态风险较低。但是细河上游四环路附近河段底泥的 p，p'-DDT、细河下游大兀村附近河段底泥 o，p'-DDT、土北村拦河闸河段底泥 γ-BHC 含量超过 ERM 值，存在经常性生态风险。

根据底泥多环芳烃含量检测结果，所有检测点位中萘、苊、蒽、二苯并［a，h］蒽的含量均低于上表中相应的 ERL 值，说明这 4 种多环芳烃物质的生态风险较低；细河上游四环路附近河段的苊烯含量、细河中游彰驿镇石灰窑子村附近河段的芴含量超过 ERM 值，存在经常性生态风险；苯并［k］荧蒽在细河上游沈阳华晨宝马铁西工厂附近河段含量较高，茚并［1，2，3-cd］芘在细河下游大兀拉村河段含量较高，苯并（g，h，i）苝在细河上游四环路附近河段、沈阳华晨宝马铁西工厂附近河段、细河下游四分干渠汇入口附近河段、大兀拉村、前余张家村河段含量较高、苯并［b］荧蒽在多数河段均含量较高，存在经常性生态风险。

第九章 典型河流底泥环保疏浚技术

9.1 底泥污染治理措施确定

9.1.1 满堂河

满堂河河道曲折蜿蜒，每到汛期行洪时水土流失严重。同时，由于附近村屯垃圾倾倒、多年生活污水排放河道及常年自然沉积，河道底部聚积了大量淤泥、垃圾，增加河道的内部污染源，并缩窄河道断面，天气炎热时散发出难闻的刺鼻气味。河道内污染物沉积形成一定厚度的淤泥，河道内堆积有垃圾及植物残体等，局部河道中有建筑垃圾和石块。此外，经过评估，满堂河主要以氮磷污染为主，重金属潜在生态风险较低。

环保疏浚技术能够减少河道内源污染，增加河流容量。污染河道的外源即使得到了有效控制，但由于内源负荷的存在，河道水质要得到较明显的改善，需要10～15年时间。环保疏浚是最直接、最快速清除内源的途径之一，通过疏浚可以将污染底泥直接从河道中取出并处理。

结合满堂河实际河况及评估结果，满堂河外源污染基本控制后，针对满堂河内源污染问题有必要采取环保疏浚措施，并将疏浚后的底泥脱水干化后进行最终处理处置。

9.1.2 细河

细河（四环路–入浑河口）上游段位于沈阳工业密集区，由于历史原因，大量工业污染物排入河道，污染物在底泥及沉积物上形成累积效应。中下游段由于附近村屯垃圾倾倒、多年生活污水排放及常年自然沉积，河道底部聚积了大量淤泥、垃圾。同时，由于河道曲折蜿蜒，增加了河道底泥的淤积，并缩窄了河道断面。河道内污染物沉积形成的淤泥、河道内堆积的垃圾及动植物残体等，在天气炎热时散发出难闻的刺鼻气味。经过评估，细河（四环路–入浑河口）底泥氮磷含量普遍超过以 V 类水体水质为目标的营养物含量控制值，底泥营养物释放趋势较大，存在较高的水质影响风险。同时，细河（四环路–入浑河口）全河段底泥重金属潜在生态风险较高，由于下游流量大，底泥再悬浮问题严重，在适当条件下，底泥中的重金属等污染物容易释放到上覆水中，对生态环境造成极大危害。

鉴于细河（四环路–入浑河口）的底泥污染现状和生态风险，采用原位修复的方法已经难以实现底泥污染的根本消除。污染河道的外源即使得到了有效控制，但由于内源负荷的存在，河道水质要得到较明显的改善，需要 10 ~ 15 年时间。环保疏浚技术能够减少河道内源污染，增加河流容量，是一种有效的底泥异位修复手段。环保疏浚是最直接、最快速清除内源的途径之一，通过疏浚可以将污染底泥直接从河道中取出并处理，在短期内实现污染物质的清除和水环境的根本改善。细河（四环路–入浑河口）大部分河段位于城郊和农村地区，适于开展大型机械作业和污染底泥的临时堆放，建设征地与移民安置的成本相对较低。

结合细河（四环路–入浑河口）实际现状及评估结果，细河外源污染基本控制后，针对细河内源污染问题有必要采取环保疏浚措施，并将疏浚后的底泥脱水干化后进行最终处理处置。

9.2　环保疏浚范围确定

9.2.1　控制指标取值

（1）满堂河

1）底泥营养盐含量。根据氮、磷吸附–解吸实验结果，确定满堂河高氮、磷污染底泥环保疏浚范围控制值为总氮含量≥1230mg/kg，总磷含量≥790mg/kg。

2）底泥重金属生态风险。满堂河重金属污染底泥的疏浚控制值为重金属潜在生态风险指数≥300。

（2）细河

1）底泥营养盐含量。根据氮、磷吸附–解吸实验结果，确定细河高氮、磷污染底泥环保疏浚范围控制值为总氮含量≥1540mg/kg，总磷含量≥990mg/kg。

2）底泥重金属生态风险。细河重金属污染底泥的疏浚控制值为重金属潜在生态风险指数≥300。

9.2.2　环保疏浚范围确定步骤

运用疏浚控制指标对河道进行评判，同时结合水质功能区划，具体步骤如下：

1）在数据数量和质量达到要求的基础上，对底泥中总氮含量进行空间插值分析，确定总氮含量大于等于高氮磷污染底泥疏浚氮控制值的区域。

2）在数据数量和质量达到要求的基础上，对底泥中总磷含量进行空间插值分析，确定总磷含量大于等于高氮磷污染底泥疏浚磷控制值的区域。

3）对底泥中重金属生态风险指数进行分析，确定重金属生态风险指数≥300的区域。

4）对使用总氮含量、总磷含量、重金属生态风险指数所控制区域进行叠加，控制指标为总氮含量、总磷含量和重金属生态风险指数的所控制区域的并集。

经过上述步骤划定的区域即为调查区域污染底泥环保疏浚范围。

9.2.3　环保疏浚范围

（1）满堂河

运用疏浚控制指标对满堂河进行评判，同时结合水质功能区划，最终确定满堂河黑臭段 6.1km 河段疏浚。

（2）细河

运用疏浚控制指标对细河进行评判，同时结合水质功能区划，最终确定细河（四环路–入浑河口）疏浚河段长度为 52.7km，起点为四环桥，终点为入浑河口。

9.3　环保疏浚深度确定

9.3.1　环保疏浚深度确定方法

污染底泥环保疏浚深度的确定采用高氮磷分层释放速率法及重金属分层–潜在生态风险指数法。

9.3.2 环保疏浚深度确定步骤

1）对各分层底泥中总氮、总磷及重金属含量进行测定，了解总氮、总磷含量及重金属潜在生态风险指数随底泥深度的垂直变化特征；

2）采用回归方程找出氮磷含量高于控制阈值及潜在生态风险指数≥300的污染层，分别确定高氮磷污染及重金属潜在生态风险控制深度，对相应控制深度进行叠加，取并集。

3）对于控制深度超过采样深度的点位，疏浚深度的确定以底泥污染层厚度为准。

9.3.3 环保疏浚深度

（1）满堂河

上述确定环保疏浚范围的方法同样适用于确定环保疏浚深度，初步确定满堂河黑臭段各点位疏浚深度如表9-1所示，疏浚深度为10～40cm，如图9-1所示。

表9-1 满堂河各点位环保疏浚深度初步确定

点位	与上游点位间距/m	河宽/m	泥深/cm	氮污染层厚度/cm	磷污染层厚度/cm	RI确定疏浚深度/cm	环保疏浚深度/cm
MTH-1	—	5.5	50	18	12	11	18
MTH-2	632	6.5	20	0	0	10	10
MTH-3	508	7.5	40	40	23	0	40
MTH-4	1028	7	40	0	40	40	40
MTH-5	607	8.5	13	8	0	0	8
MTH-6	314	8.5	13	13	0	—	13
MTH-7	351	8	15	10	0	0	10
MTH-8	946	8.5	10	10	0	—	10
MTH-9	474	9	20	17	8	15	17
MTH-10	520	12	20	10	10	12	12
MTH-11	260	12	25	25	20		25
MTH-12	459	15	40	0	39	27	39

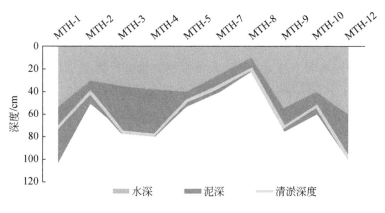

图 9-1　满堂河疏浚深度变化

（2）细河

采用上述方法确定细河各点位高氮磷控制深度和重金属潜在生态风险控制深度后，最终确定各点位环保疏浚深度。细河（四环路–入浑河口）各点位环保疏浚深度如表 9-2 所示，疏浚深度范围为 10~150cm。各点位水深、泥深及疏浚深度示意图见图 9-2。

表 9-2　细河各点位环保疏浚深度　　　　　（单位：cm）

点位	最大泥深	总磷污染控制深度	总氮污染控制深度	重金属潜在生态风险控制深度	环保疏浚深度
XH-1	60	60	45	60	60
XH-2	20	0	10	—	10
XH-3	118	17	61	84	84
XH-4	120	70	118	100	118
XH-5	60	39	44	60	60
XH-6	10	0	10	10	10
XH-7	30	18	30	30	30
XH-8	10	10	10	10	10
XH-9	80	75	80	—	80
XH-10	60	25	60	60	60
XH-11	150	145	125	150	150

点位	最大泥深	总磷污染控制深度	总氮污染控制深度	重金属潜在生态风险控制深度	环保疏浚深度
XH-12	60	26	60	—	60
XH-13	60	60	15	60	60
XH-14	50	21	40	—	40
XH-15	50	29	0	50	50
XH-16	60	58	55	60	60
XH-17	80	53	57	80	80
XH-18	50	42	50		50
XH-19	16	0	16	—	16
XH-20	40	40	20	40	40
XH-21	20	20	20		20
XH-22	70	30	70	—	70
XH-23	60	0	51	37	51
XH-24	60	37	60	60	60
XH-25	70	16	70	—	70
XH-26	66	20	25	64	64
XH-27	30	30	20		30
XH-28	40	27	35	40	40
XH-29	50	10	48	46	48
XH-30	60	27	60	60	60
XH-31	50	23	50	—	50
XH-32	60	38	39	60	60
XH-33	45	45	30		45
XH-34	20	0	0	20	20
XH-35	44	13	19	44	44
XH-36	16	0	16	16	16
XH-37	100	21	47	99	99
XH-38	80	33	80	—	80
XH-39	10	0	10	—	10

续表

点位	最大泥深	总磷污染控制深度	总氮污染控制深度	重金属潜在生态风险控制深度	环保疏浚深度
XH-40	61	43	40	61	61
XH-41	38	23	30	20	30
XH-42	75	32	75	58	75
XH-43	15	0	0	15	15
XH-44	56	27	15	56	56
XH-45	15	15	0	—	15
XH-46	30	0	0	30	30
XH-47	25	18	0	25	25
XH-48	60	17	45	54	54
XH-49	65	0	45	53	53
XH-50	60	33	60	50	60
XH-51	20	16	20	16	20
XH-52	21	0	0	21	21
XH-53	58	50	0	58	58
XH-54	20	15	20	—	20
XH-55	25	25	20	25	25
XH-56	25	20	20	—	20
XH-57	38	0	0	38	38
XH-58	22	16	11	22	22
XH-59	60	0	0	58	58
XH-60	35	35	20	—	35
XH-61	50	48	50	42	50
XH-62	20	12	8	20	20
XH-63	34	0	0	34	34
XH-64	40	37	40	40	40
XH-65	60	0	0	54	54
XH-66	78	20	24	35	35
XH-67	29	13	8	29	29

点位	最大泥深	总磷污染控制深度	总氮污染控制深度	重金属潜在生态风险控制深度	环保疏浚深度
XH-68	30	0	0	30	30
XH-69	80	0	48	80	80
XH-70	22	0	0	17	17
XH-71	20	20	0	20	20
XH-72	10	10	0	10	10
XH-73	10	0	0	10	10
XH-74	10	0	10	—	10

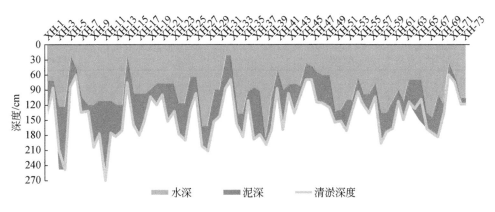

图9-2 细河（四环路–入浑河口）各点位水深、泥深及疏浚深度

9.4 环保疏浚总量估算

9.4.1 满堂河

经初步评估，满堂河环保疏浚长度约6.1km，环保疏浚厚度8～40cm，环保疏浚量初步估算总计约1.1万m^3，如表9-3所示。

表9-3 满堂河各点位疏浚建议

河段	长度/m	河宽/m	环保疏浚平均厚度/cm	疏浚量估算/m³
MTH-1~MTH-2	632	6	14	518
MTH-2~MTH-3	508	7	25	927
MTH-3~MTH-4	1 028	7	40	2 981
MTH-4~MTH-5	607	8	24	1 056
MTH-5~MTH-6	314	9	12	280
MTH-6~MTH-7	351	8	12	334
MTH-7~MTH-8	946	8	10	804
MTH-8~MTH-9	474	9	14	564
MTH-9~MTH-10	520	11	15	772
MTH-10~MTH-11	260	12	19	577
MTH-11~MTH-12	459	14	32	2 031
合计	6 099	—	—	10 846

9.4.2 细河

在确定细河各点位环保疏浚深度以后，便可通过相邻点位间河段平均河宽、平均疏浚深度及河段长度估算出各河段环保疏浚量（表9-4），最后加和得到细河（四环路–入浑河口）总的环保疏浚量为50.5万 m³。

表9-4 细河（四环路–入浑河口）各河段环保疏浚量

河段	疏浚长度/m	平均河宽/m	平均疏浚深度/cm	疏浚量/m³
XH-1~XH-2	700	24	35	5 880
XH-2~XH-3	873	27	47	10 873
XH-3~XH-4	119	30	101	3 546
XH-4~XH-5	720	38	89	24 030
XH-5~XH-6	120	61	35	2 541
XH-6~XH-7	1 155	50	20	11 435
XH-7~XH-8	1 074	27	20	5 692
XH-8~XH-9	900	30	45	12 150
XH-9~XH-10	596	32	70	13 350

河段	疏浚长度/m	平均河宽/m	平均疏浚深度/cm	疏浚量/m³
XH-10～XH-11	700	34	105	24 990
XH-11～XH-12	500	34	105	17 850
XH-12～XH-13	775	24	60	11 160
XH-13～XH-14	1 000	23	50	11 250
XH-14～XH-15	1 000	23	45	10 125
XH-15～XH-16	663	19	55	6 928
XH-16～XH-17	540	24	70	9 072
XH-17～XH-18	600	24	65	9 360
XH-18～XH-19	715	19	33	4 483
XH-19～XH-20	902	15	28	3 788
XH-20～XH-21	500	16	30	2 400
XH-21～XH-22	700	16	45	5 040
XH-22～XH-23	500	22	61	6 655
XH-23～XH-24	697	28	56	10 831
XH-24～XH-25	600	28	65	10 920
XH-25～XH-26	593	20	67	7 946
XH-26～XH-27	600	12	47	3 384
XH-27～XH-28	525	16	35	2 940
XH-28～XH-29	500	20	44	4 400
XH-29～XH-30	740	18	54	7 193
XH-30～XH-31	600	16	55	5 280
XH-31～XH-32	649	22	55	7 674
XH-32～XH-33	700	27	53	9 923
XH-33～XH-34	1 304	25	33	10 595
XH-34～XH-35	742	25	32	5 936
XH-35～XH-36	995	24	30	7 015
XH-36～XH-37	680	16	58	6 256
XH-37～XH-38	700	16	90	10 024
XH-38～XH-39	818	21	45	7 546
XH-39～XH-40	520	24	36	4 430
XH-40～XH-41	565	22	46	5 656

河段	疏浚长度/m	平均河宽/m	平均疏浚深度/cm	疏浚量/m³
XH-41 ~ XH-42	765	24	53	9 639
XH-42 ~ XH-43	734	24	45	7 927
XH-43 ~ XH-44	776	18	36	4 959
XH-44 ~ XH-45	1013	19	36	6 653
XH-45 ~ XH-46	1073	18	23	4 225
XH-46 ~ XH-47	1281	18	28	6 341
XH-47 ~ XH-48	452	20	40	3 571
XH-48 ~ XH-49	665	24	54	8 539
XH-49 ~ XH-50	500	27	57	7 628
XH-50 ~ XH-51	413	21	40	3 387
XH-51 ~ XH-52	765	15	21	2 274
XH-52 ~ XH-53	478	18	40	3 304
XH-53 ~ XH-54	500	20	39	3 900
XH-54 ~ XH-55	753	20	23	3 389
XH-55 ~ XH-56	720	17	23	2 754
XH-56 ~ XH-57	1 144	13	29	4 147
XH-57 ~ XH-58	723	11	30	2 277
XH-58 ~ XH-59	553	11	40	2 433
XH-59 ~ XH-60	500	12	47	2 790
XH-60 ~ XH-61	686	16	43	4 665
XH-61 ~ XH-62	837	21	35	6 152
XH-62 ~ XH-63	636	22	27	3 778
XH-63 ~ XH-64	862	25	37	7 814
XH-64 ~ XH-65	476	25	47	5 593
XH-65 ~ XH-66	690	29	45	8 904
XH-66 ~ XH-67	915	30	32	8 784
XH-67 ~ XH-68	1 038	26	30	7 808
XH-68 ~ XH-69	197	26	55	2 763
XH-69 ~ XH-70	672	24	49	7 659
XH-70 ~ XH-71	614	23	19	2 556
XH-71 ~ XH-72	719	24	15	2 588

河段	疏浚长度/m	平均河宽/m	平均疏浚深度/cm	疏浚量/m³
XH-72 ~ XH-73	942	23	10	2 120
XH-73 ~ XH-74	1748	19	10	3 321
合计	52 720			505 189

9.5 环保疏浚底泥处理处置

9.5.1 处置方案筛选

环保疏浚底泥的处置现无统一的相关标准规范要求，常见的处置方式为堆肥、建材利用、焚烧处理、填埋处理、制造成陶粒以及其他建工材料等。疏挖的底泥中污染物主要包括重金属、营养元素和难降解有机污染物，其中以重金属对水体和生物的危害最大。疏浚底泥可通过物理化学法和生物工艺来完成，如植物修复技术、磁分离技术、膜分离法、浮选法、玻璃化法等，去除底泥中的污染物含量或固定重金属。多数情况下，若疏浚底泥经处理后可资源化利用，如堆肥、园林绿化、建材利用等，建议优先资源化利用，若客观条件不允许，则可优先无害化处置，如进行填埋、焚烧等。

污泥处置用途主要通过参考两个标准来确定，即《土壤环境质量 农用地土壤污染风险管控标准（试行）》（GB 15618—2018）及《土壤环境质量 建设用地土壤污染风险管控标准（试行）》（GB 36600—2018）。底泥处置时其污染物指标必须达到相应标准的相关规定。

9.5.2 处置方案评估

（1）农用耕地

对照《土壤环境质量 农用地土壤污染风险管控标准（试行）》（GB 15618—2018），农用地土壤中污染物含量等于或者低于风险筛选值的，对农产品质量安全、农作物生长和土壤生态环境的风险低，一般情况下可忽略；超过风险筛选值的，对农产品质量安全、农作物生长或土壤生态环境可能存在风险，应当加强土壤环境监测和农产品协同监测，原则上应当采取安全利用措施。当农用地土壤中污染物含量超过风险控制值的，使用农产品不符合质量安全标准等农用地土壤污染风险高，原则上应当采取严格管控措施。风险筛选值污染物项目包含重金属、六六六总量、DDT 总量和苯并［a］芘。

对照《土壤环境质量 农用地土壤污染风险管控标准（试行）》（GB 15618—2018），满堂河各点位处置建议如表 9-5 所示。满堂河部分点位中重金属锌及镉含量高于相应限值，不可用于农用地。

表 9-5　满堂河各点位处置建议

点位	超标情况	处置建议
MTH-1 ~ MTH-2	锌超标，镉含量高于其他用地限值	不可用于农用地
MTH-2 ~ MTH-3	镉超标	不可用于农用地
MTH-3 ~ MTH-4	镉超标	不可用于农用地
MTH-4 ~ MTH-5	低于相应限值	可用作于农用地
MTH-5 ~ MTH-7	低于相应限值	可用作于农用地
MTH-7 ~ MTH-8	低于相应限值	可用作于农用地
MTH-8 ~ MTH-10	低于相应限值	可用作于农用地
MTH-10 ~ MTH-11	锌超标	不可用于农用地
MTH-11 ~ MTH-12	锌超标	不可用于农用地

通过对细河（四环路–入浑河口）底泥检测数据进行统计分析，XH-1 点位等共计 54 个点位中汞、铜等重金属均高于《土壤环境质量 农用地土壤污染风险管控标准（试行）》（GB 15618—2018）标准中风险筛选值。细河（四环路–入浑河口）各检测点位处置建议见表 9-6 所示，细河（四环路–入浑河口）各检测点位中的重金属均高于相应限值，综合考虑建议细河（四环路–入浑河口）全河段疏浚底泥不可用于农用地。

表 9-6　细河各点位处置建议 *

点位	超标情况	处置建议
XH-1	汞、铜、锌、镉含量超标	不可用于农用地
XH-3	汞、铜、锌、铬、镉含量超标	不可用于农用地
XH-4	汞、铜、锌、镉含量超标	不可用于农用地
XH-5	汞、铜、锌、铬、镉、镍超标	不可用于农用地
XH-6	汞、镉超标	不可用于农用地
XH-7	汞、铜、锌、镉超标	不可用于农用地

续表

点位	超标情况	处置建议
XH-8	汞、铜、锌、镉超标	不可用于农用地
XH-10	汞、铜、锌、镉超标	不可用于农用地
XH-11	汞、铜、锌、镉超标	不可用于农用地
XH-13	汞、铜、锌、镍、铬、镉超标	不可用于农用地
XH-15	汞、铜、锌、镍、镉超标	不可用于农用地
XH-16	汞、铜、锌、镉超标	不可用于农用地
XH-17	锌、镉超标	不可用于农用地
XH-20	汞、铜、锌、镉超标	不可用于农用地
XH-23	汞、铜、锌、铬、镉超标	不可用于农用地
XH-24	汞、铜、锌、镍、铬、镉超标	不可用于农用地
XH-26	汞、铜、锌、镍、铬、镉超标	不可用于农用地
XH-28	汞、铜、锌、镉超标	不可用于农用地
XH-29	汞、铜、锌、镉超标	不可用于农用地
XH-30	汞、铜、锌、铬、镉超标	不可用于农用地
XH-32	汞、铜、锌、镍、铬、镉超标	不可用于农用地
XH-34	汞、铜、锌、镍、镉超标	不可用于农用地
XH-35	汞、铅、铜、锌、镉超标	不可用于农用地
XH-36	铜、锌、镍、铬、镉超标	不可用于农用地
XH-37	汞、铅、锌、镉超标	不可用于农用地
XH-40	汞、铅、铜、锌、镍、铬、镉超标	不可用于农用地
XH-41	汞、锌超标	不可用于农用地
XH-42	汞、铅、铜、锌、镍、铬、镉超标	不可用于农用地
XH-43	汞、铜、锌、铬、镉超标	不可用于农用地
XH-44	汞、铜、锌、镍、镉超标	不可用于农用地
XH-45	汞、铅、铜、锌、镍、镉超标	不可用于农用地
XH-46	汞、锌、镉超标	不可用于农用地
XH-47	汞、铜、锌、镉超标	不可用于农用地
XH-48	汞、锌、镉超标	不可用于农用地
XH-49	汞、铜、锌、镍、镉超标	不可用于农用地
XH-50	汞、铜、锌、镍、铬、镉超标	不可用于农用地
XH-51	镉超标	不可用于农用地
XH-52	汞、锌、镉超标	不可用于农用地

点位	超标情况	处置建议
XH-53	汞、铅、铜、锌、铬、镉超标	不可用于农用地
XH-55	汞、铜、锌、镍、铬、镉超标	不可用于农用地
XH-57	锌、镉超标	不可用于农用地
XH-58	汞、铜、锌、镉超标	不可用于农用地
XH-59	锌、镉超标	不可用于农用地
XH-61	汞、铜、锌、镉超标	不可用于农用地
XH-62	汞、铜、锌、镉超标	不可用于农用地
XH-63	锌、镉超标	不可用于农用地
XH-64	汞、铜、锌、镍、镉超标	不可用于农用地
XH-66	汞、砷、铅、铜、锌、镍、镉均超标	不可用于农用地
XH-67	汞、铜、锌、铬、镉超标	不可用于农用地
XH-68	汞、铜、锌、镉超标	不可用于农用地
XH-69	汞、砷、铅、铜、锌、镍、镉均超标	不可用于农用地
XH-70	汞、镉超标	不可用于农用地
XH-71	汞、铜、锌、镉超标	不可用于农用地
XH-72	锌、镉超标	不可用于农用地
XH-73	汞、铜、锌、镉超标	不可用于农用地

* 参照《土壤环境质量 农用地土壤污染风险管控标准（试行）》(GB 15618—2018) 评估

（2）建设用地

《土壤环境质量 建设用地土壤污染风险管控标准（试行）》(GB 36600—2018) 中根据不同保护对象暴露情况，将建设用地划分为以下两类。第一类用地包括 GB 50137 规定的城市建设用地中的居住用地（R），公共管理与公共服务用地中的中小学用地（A33）、医疗卫生用地（A5）和社会福利设施用地（A6），以及公园绿地（G1）中的社区公园或儿童公园用地等；第二类用地包括 GB 50137 规定的城市建设用地中的工业用地（M），物流仓储用地（W），商业服务业设施用地（B），道路与交通设施用地（S），公用设施用地（U），公共管理与公共服务用地（A）（A33、A5、A6 除外），以及绿地与广场用地（G）（G1 中的社区公园或儿童公园用地除外）。若疏浚底泥用于建设用地，则底泥中污染物浓度不能超过《土壤环境质量 建设用地土壤污染风险管控标准（试行）》(GB 36600—2018) 中的相应浓度限值。建设用地土壤中污染物含量等于或者低于风险筛选值的，土壤污染风险一般情况下可以忽略。风险筛选值及管制值污染物项目包含重金属、挥发性有机物、半挥发性有机物、有机农药类、多氯联苯、多溴联苯和二噁英类及石油烃类等。

取满堂河两个代表性采样点，检测《土壤环境质量 建设用地土壤污染风险管控标准（试行）》（GB 36600—2018）内要求的重金属、挥发性有机物、半挥发性有机物等45项指标，评估满堂河疏浚底泥的处置用途，超标情况如表9-7所示。经分析，对照《土壤环境质量 建设用地土壤污染风险管控标准（试行）》（GB 36600—2018），满堂河疏浚底泥经处理后可用作第二类用地中的包括 GB 50137 规定的城市建设用地中的工业用地（M），物流仓储用地（W），商业服务业设施用地（B），道路与交通设施用地（S），公用设施用地（U），公共管理与公共服务用地（A）（A33、A5、A6除外），以及绿地与广场用地（G）（G1中的社区公园或儿童公园用地除外）。

表9-7 满堂河各点位处置建议

点位	超标情况	处置建议
MTH-8	符合二类用地对应浓度限值	可用作第二类用地
MTH-12	符合二类用地对应浓度限值	可用作第二类用地

细河（四环路–入浑河口）共选取19个代表性采样点，检测《土壤环境质量 建设用地土壤污染风险管控标准（试行）》（GB 36600—2018）内要求的重金属、挥发性有机物、半挥发性有机物等45项指标，开展细河疏浚底泥处置评估。细河19个点位检测结果对照标准详情如表9-8所示。通过分析评估得出，细河 XH-1 点位等共计14个点位底泥检测数据结果均低于建设用地第一类用地污染风险筛选值规定的基本项45项指标。细河的 XH-5、XH-24、XH-30、XH-55、XH-69点位等共计5个点位检测结果符合标准中第二类用地。因此，建议符合《土壤环境质量 建设用地土壤污染风险管控标准（试行）》（GB 36600—2018）标准中第一类用地的河段（XH-1 ~ XH-4、XH-7 ~ XH-20、XH-36 ~ XH-52、XH-59 ~ XH-68）疏浚底泥经脱水干化处理后可选择用于城市建设用地中的居住用地，公共管理与公共服务用地中的中小学用地、医疗卫生用地和社会福利设施用地，以及公园绿地中的社区公园或儿童公园用地等。同时，也可用于上述标准中的第二类用地。符合上述标准中第二类用地的河段（XH-4 ~ XH-7、XH-20 ~ XH-36、XH-52 ~ XH-59、XH-68 ~ XH-69），疏浚底泥经处理后可用作城市建设用地中的工业用地、物流仓储用地、商业服务业设施用地、道路与交通设施用地、公用设施用地、公共管理与公共服务用地，以及绿地与广场用地（社区公园或儿童公园用地除外）。细河各河段疏浚底泥处置建议见表9-9。

表 9-8　细河各点位处置建议 *

点位	重金属和无机物超筛选值项（7 项）	挥发性有机物超筛选值项（27 项）	半挥发性有机物超筛选值项（11 项）	是否符合筛选值		底泥处置建议
				第一类用地	第二类用地	
XH-1	无	无	无	是	是	用于建设用地中的第一类用地或者第二类用地
XH-3	无	无	无	是	是	用于建设用地中的第一类用地或者第二类用地
XH-4	无	无	无	是	是	用于建设用地中的第一类用地或者第二类用地
XH-5	镍超标	无	无	否	是	用于建设用地中的第二类用地
XH-7	无	无	无	是	是	用于建设用地中的第一类用地或者第二类用地
XH-13	无	无	无	是	是	用于建设用地中的第一类用地或者第二类用地
XH-20	无	无	无	是	是	用于建设用地中的第一类用地或者第二类用地
XH-24	镍超标	无	无	否	是	用于建设用地中的第二类用地
XH-30	汞超标	无	无	否	是	用于建设用地中的第二类用地
XH-36	无	无	无	是	是	用于建设用地中的第一类用地或者第二类用地
XH-47	无	无	无	是	是	用于建设用地中的第一类用地或者第二类用地
XH-48	无	无	无	是	是	用于建设用地中的第一类用地或者第二类用地
XH-49	无	无	无	是	是	用于建设用地中的第一类用地或者第二类用地
XH-52	无	无	无	是	是	用于建设用地中的第一类用地或者第二类用地

续表

点位	重金属和无机物超筛选值项（7项）	挥发性有机物超筛选值项（27项）	半挥发性有机物超筛选值项（11项）	是否符合筛选值		底泥处置建议
				第一类用地	第二类用地	
XH-55	汞、镍超标	无	无	否	是	用于建设用地中的第二类用地
XH-59	无	无	无	是	是	用于建设用地中的第一类用地或者第二类用地
XH-64	无	无	无	是	是	用于建设用地中的第一类用地或者第二类用地
XH-68	无	无	无	是	是	用于建设用地中的第一类用地或者第二类用地
XH-69	汞、砷、铅超标	无	无	否	是	用于建设用地中的第二类用地

* 参照《土壤环境质量 建设用地土壤污染风险管控标准（试行）》（GB 36600—2018）评估

表 9-9　细河各河段处置建议 *

河段	超标情况	底泥处置建议
XH-1 ~ XH-4	符合一类用地对应浓度限值	用于建设用地中的第一类用地或者第二类用地
XH-4 ~ XH-7	符合二类用地对应浓度限值	用于建设用地中的第二类用地
XH-7 ~ XH-20	符合一类用地对应浓度限值	用于建设用地中的第一类用地或第二类用地
XH-20 ~ XH-36	符合二类用地对应浓度限值	用于建设用地中的第二类用地
XH-36 ~ XH-52	符合一类用地对应浓度限值	用于建设用地中的第一类用地或第二类用地
XH-52 ~ XH-59	符合二类用地对应浓度限值	用于建设用地中的第二类用地
XH-59 ~ XH-68	符合一类用地对应浓度限值	用于建设用地中的第一类用地或者第二类用地
XH-68 ~ XH-74	符合二类用地对应浓度限值	用于建设用地中的第二类用地

* 参照《土壤环境质量 建设用地土壤污染风险管控标准（试行）》（GB 36600—2018）评估

9.5.3　底泥处置方案确定

（1）满堂河

经综合比较各项污染物控制指标，满堂河环保疏浚底泥经脱水干化处理后可用于道路与交通设施用地、绿地与广场用地、城市建设用地中的工业用地、物流仓储用地、商业服务业设施用地、公用设施用地等，不可用于农用地。

（2）细河

经综合比对各项污染物控制指标，细河（四环路–入浑河口）疏浚底泥经脱水干化处理后不可用于农用地，部分河段（XH-1～XH-4、XH-7～XH-20、XH-36～XH-52、XH-59～XH-68 段）底泥可用于《土壤环境质量 建设用地土壤污染风险管控标准（试行）》（GB 36600—2018）标准中的第一类用地或第二类用地；部分河段（XH-4～XH-7、XH-20～XH-36、XH-52～XH-59、XH-68～XH-74 段）疏浚底泥经脱水干化处理后仅限用于上述标准中的第二类用地。

9.6 环保疏浚底泥处理方式

9.6.1 疏浚设备

应根据工程的施工环境、工程条件和环保要求，通过技术经济论证，综合比较，选择环保性能优良、挖泥精度高、施工效率高的疏浚设备。常用的疏浚设备有环保绞吸式挖泥船、气力泵、环保抓斗式挖泥船等。

9.6.2 疏浚施工方式

在选定疏浚施工设备后，一般情况下根据不同条件采用分段、分层、分条施工方法。对于环保绞吸式挖泥船，当挖槽长度大于挖泥船浮筒管线有效伸展长度时应分段施工；当挖泥厚度大于绞刀一次最大挖泥厚度时应分层施工；当挖槽宽度大于挖泥船一次最大挖宽时应分条施工。对于环保斗式挖泥船，当挖槽长度大于挖泥船抛一次主锚所能提供的最大挖泥长度时应分段施工；当挖泥厚度大于泥斗一次有效挖泥厚度时应分层施工；当挖槽宽度大于挖泥船一次最大挖宽时应分条施工。对环保疏浚工程，应先疏挖完上层流动浮泥后再疏挖下层污染底泥。对于近岸水域部分，为保护岸坡稳定，可采用"吸泥"方式施工。

9.6.3 底泥输送方式

污染底泥输送方式包括管道输送、汽车输送以及船舶输送。

9.6.4　底泥堆场选择

按照底泥堆存方式，可分为常规堆场和大型土工管袋堆场两种。常规堆场是通过建造围埝而形成的堆泥场，一般宜尽量利用现成的封闭低洼地、废弃的鱼塘等作为堆场，以减小围埝高度和降低围埝建造成本。土工管袋堆场由基础和高强度土工布织成的大型管、副坝等组成，污染底泥直接存储在大型土工管袋中。堆场底部应铺设防渗材料。

9.6.5　堆场后续处理及底泥脱水干化

堆场建好后，需对堆场底泥进行快速脱水、快速植草及余水处理等后续工作。

堆场底泥快速脱水方法包括：表面排水和渐进开沟排水法、砂井堆载预压法、塑料排水带堆载预压法、真空预压法、机械脱水法以及管道投药快速脱水干化法。真空预压法是一种新型软基处理方法，该方法适用于底部为不透水层、软土厚度小于10m的土层快速固结。在需要处理的场地上（如吹填泥浆层上部）铺满砂层，在砂层下设置真空抽吸排水系统，通过真空抽吸排出软泥层中的水分而使泥浆迅速干化。堆载预压法又称堆载预固结法，也是软基处理主要方法之一。该法适用于软弱黏性土，如沿海地区的淤泥质土及吹填土等。在工程建造前在场地上施加比基底压力大或者与其相等的填土荷载，促使地基提前固结沉降，以提高地基强度，当强度指标达到要求数值后，卸除荷载修建构筑物。为促使软土地基地固结，加速堆载后渗出水的排出，该方法常与砂井排水方法相结合。加药脱水方法的原理是使污泥粒子改变物化性质，中和污泥颗粒的电荷，破坏污泥的胶体结构，同时使污泥颗粒凝聚成大的颗粒絮体，降低污泥的比阻抗，从而提高污泥的脱水性能。堆场主动排水法是指传统的疏浚污泥堆场在上部水排出后即进入完全依赖自然条件的被动干化阶段，如蒸发、渗透等。被动干化过程效率低、历时长，不利于土地开发使用及景观恢复。在堆场设置各种形式的排水系统，实现堆场主动排水，是一种经济有效的污泥干化方法。各种脱水工艺比较见表9-10。

真空预压法、堆载预压法、机械脱水法等先进脱水工艺尽管具有快速、高效、立竿见影的优点，但是其费用相对较高，经济上难以承受。加药沉淀法可以提高沉淀早期压缩效果，处理成本适中，但相对自然干化方法，费用偏高，而且加药后基底对植被恢复有影响。经过综合比较，结合新开河实际条件，采用简单易行、实用性强、处理成本低的自然干化法。

表 9-10　各种脱水工艺比较

脱水工艺	技术特点	处理成本	应用范围	对本工程适用性
真空预压	使软土地基快速干化固结，脱水效率高效果好	$160 \sim 200$ 元/m³	建筑物软基处理	不适用
堆载预压	加速软土地基干化固结，施工方便、干化效果好	15 元/m³（堆 0.5m 高山土）	软基处理	不太适用
加药机械	脱水速度快、效果好，占地面积小，自动化程度高	4.0 元/m³	泥浆污水处理厂污泥或疏浚区无堆场	不适用
加药沉淀	初期沉淀效果好，余水污染物含量低	1.50 元/m³ 泥浆投加 PAM（6mg/L）	堆场吹填后期	不适用
堆场主动排水	简单易行，实用性强，可使堆场干化期缩短	$0.5 \sim 1.2$ 元/m³	堆场大面积实施	适用
自然干化	简单易行，实用性强，堆场干化期较长	0.2 元/m³	堆场大面积实施	适用

参 考 文 献

高胜标．2020．水下清淤机器人的结构设计及控制系统研究．长沙：湖南大学硕士学位论文．

龚春生．2007．城市小型浅水湖泊内源污染及环保清淤深度研究——以南京市玄武湖为例．南京：河海大学博士学位论文．

申亮，屈文瑞．2022．大型城市内湖环保疏浚工程设计．市政技术，40（12）：160-165．

刘琴琴．2021．明渠射流清淤系统内水沙运动特性及关键技术研究．郑州：华北水利水电大学硕士学位论文．

刘恒序．2011．挖泥船环保绞刀装置设计与流体性能研究．哈尔滨：哈尔滨工程大学硕士学位论文．

吴燕玉．1986．沈阳市土壤环境背景值．环境保护科学，4：24-28．

附表 1　黄泥河底泥多氯联苯含量

（单位：μg/kg）

点位	2,4,4'-三氯联苯	2,2',5,5'-四氯联苯	2,2',4,5,5'-五氯联苯	3,4,4',5-四氯联苯	3,3',4,4'-四氯联苯	2',3,4,4',5-五氯联苯	2,3',4,4',5-五氯联苯	2,3,4,4',5-五氯联苯	2,2',4,4',5,5'-六氯联苯	2,3,3',4,4'-五氯联苯	2,2',3,4,4',5'-六氯联苯	3,3',4,4',5-五氯联苯	2,3',4,4',5,5'-六氯联苯	2,3,3',4,4',5-六氯联苯	2,3,3',4,4',5'-六氯联苯	2,2',3,4,4',5,5'-七氯联苯	3,3',4,4',5,5'-六氯联苯	2,3,3',4,4',5,5'-七氯联苯
检出限	0.4	0.4	0.6	0.5	0.5	0.5	0.6	0.5	0.6	0.4	0.4	0.5	0.4	0.4	0.4	0.6	0.5	0.4
HNH-1	<0.4	<0.4	<0.6	<0.5	<0.5	<0.5	<0.6	<0.5	<0.6	<0.4	<0.4	<0.5	<0.4	<0.4	<0.4	<0.6	<0.5	<0.4
HNH-6	<0.4	<0.4	<0.6	<0.5	<0.5	<0.5	<0.6	<0.5	<0.6	<0.4	<0.4	<0.5	<0.4	<0.4	<0.4	<0.6	<0.5	<0.4
HNH-10	<0.4	<0.4	<0.6	<0.5	<0.5	<0.5	<0.6	<0.5	<0.6	<0.4	<0.4	<0.5	<0.4	<0.4	<0.4	<0.6	<0.5	<0.4
HNH-15	<0.4	<0.4	<0.6	<0.5	<0.5	<0.5	<0.6	<0.5	<0.6	<0.4	<0.4	<0.5	<0.4	<0.4	<0.4	<0.6	<0.5	<0.4
HNH-19	<0.4	<0.4	<0.6	<0.5	<0.5	<0.5	<0.6	<0.5	<0.6	<0.4	<0.4	<0.5	<0.4	<0.4	<0.4	<0.6	<0.5	<0.4
HNH-23	<0.4	<0.4	<0.6	<0.5	<0.5	<0.5	<0.6	<0.5	<0.6	<0.4	<0.4	<0.5	<0.4	<0.4	<0.4	<0.6	<0.5	<0.4

附表 2　黄泥河底泥多环芳烃含量

（单位：μg/kg）

点位	萘	苊烯	苊	芴	菲	蒽	荧蒽	芘	苯并[a]蒽	䓛	苯并[b]荧蒽	苯并[k]荧蒽	苯并[a]芘	二苯并[a,h]蒽	苯并(g,h,i)芘	茚并[1,2,3-cd]芘
检出限	3	3	3	5	5	4	5	3	4	3	5	5	5	5	5	4
HNH-1	10.5	<3	<3	<5	189.1	<4	219	<5	<4	<3	172	176	<5	<5	<5	61.4
HNH-6	7.4	<3	<3	56.6	142.7	<4	257	205	36.5	98.0	2.33E+03	232	<5	<5	<5	78.5
HNH-10	<3	<3	<3	66.7	109.9	<4	<5	<3	38.9	150.7	654	164	<5	<5	<5	82.0
HNH-15	7.0	<3	<3	58.7	94.7	<4	83	109	22.5	<3	4.71E+03	<5	<5	<5	<5	40.3
HNH-19	8.7	<3	<3	<5	119.0	<4	88	320	31.7	24.8	3.22E+03	148	<5	<5	<5	73.6
HNH-23	8.4	<3	<3	67.3	<5	<4	<5	527	56.0	<3	5.84E+03	154	<5	<5	<5	42.4

附表 3　南小河底泥多氯联苯含量

（单位：μg/kg）

点位	2,4,4'-三氯联苯	2,2',5,5'-四氯联苯	3,4,4',5-四氯联苯	3,3',4,4'-四氯联苯	2',3,4,4',5-五氯联苯	2,3',4,4',5-五氯联苯	2,3,4,4',5-五氯联苯	2,2',4,5,5'-六氯联苯	2,2',4,4',5,5'-六氯联苯	2,3,3',4,4'-五氯联苯	2,3',4,4',5,5'-六氯联苯	2,2',3,4,4',5'-六氯联苯	2,3,3',4,4',5-六氯联苯	2,3,3',4,4',5'-六氯联苯	2,2',3,4,4',5,5'-七氯联苯	2,3,3',4,4',5,5'-七氯联苯
检出限	0.4	0.6	0.5	0.5	0.5	0.5	0.5	0.6	0.4	0.5	0.4	0.4	0.4	0.5	0.6	0.4
NXH-1	<0.4	<0.6	<0.5	<0.5	<0.5	<0.6	<0.6	<0.6	<0.4	<0.5	<0.4	<0.4	<0.4	<0.5	<0.6	<0.4
NXH-15	<0.4	<0.6	<0.5	<0.5	<0.5	<0.6	<0.6	<0.6	<0.4	<0.5	<0.4	<0.4	<0.4	<0.5	<0.6	<0.4

附表 4　南小河底泥多环芳烃含量

（单位：μg/kg）

点位	萘	苊烯	苊	芴	菲	蒽	荧蒽	芘	苯并[a]蒽	䓛	苯并[b]荧蒽	苯并[k]荧蒽	苯并[a]芘	二苯并[a,h]蒽	苯并(g,h,i)芘	茚并[1,2,3-cd]芘
检出限	3	3	3	5	5	4	5	3	4	3	5	5	5	5	5	4
NXH-1	<3	<3	<3	<5	141	<4	$1.46×10^3$	$1.24×10^3$	6.78	809	$1.39×10^4$	<5	134	<5	91	151
NXH-3	<3	<3	<3	<5	<5	<4	<5	<3	<4	<3	$2.66×10^3$	<5	<5	<5	<5	<4
NXH-7	<3	<3	<3	<5	<5	<4	<5	<3	<4	<3	311	<5	<5	<5	<5	<4
NXH-9	<3	<3	791	<5	<5	<4	$1.41×10^3$	531	<4	471	$1.59×10^4$	<5	<5	<5	576	<4
NXH-15	<3	<3	<3	<5	<5	<4	2023	<3	<4	556	6194	<5	<5	<5	<5	<4
NXH-19	<3	<3	<3	<5	<5	<4	<5	<3	<4	<3	<5	<5	<5	<5	<5	<4
NXH-24	<3	<3	<3	<5	<5	<4	<5	<3	<4	<3	<5	<5	<5	<5	<5	<4
NXH-31	<3	<3	<3	<5	<5	<4	<5	<3	<4	<3	<5	<5	<5	<5	<5	<4
NXH-36	<3	<3	<3	<5	<5	<4	<5	<3	<4	<3	<5	<5	<5	<5	<5	<4
NXH-38	<3	<3	<3	<5	<5	<4	<5	<3	<4	<3	6068	<5	<5	<5	<5	<4
NXH-41	<3	<3	<3	<5	<5	<4	<5	<3	<4	<3	<5	<5	<5	<5	<5	<4
NXH-47	<3	<3	<3	<5	<5	<4	<5	<3	<4	<3	<5	<5	<5	<5	<5	<4
NXH-48	<3	<3	<3	<5	<5	<4	<5	<3	<4	<3	669	<5	<5	<5	<5	<4

附表 5　新穆河底泥多氯联苯含量

（单位：μg/kg）

点位	2,4,4'-三氯联苯	2,2',5,5'-四氯联苯	2,2',4,5,5'-五氯联苯	3,4,4',5-四氯联苯	2',3,4,4',5-五氯联苯	3,3',4,4',5-五氯联苯	2,3',4,4',5-五氯联苯	2,3,4,4',5-五氯联苯	2,2',4,4',5,5'-六氯联苯	2,3',4,4',5',6-六氯联苯	2,3,3',4,4',5-六氯联苯	2,3,3',4,4',5'-六氯联苯	2,2',3,4,4',5'-七氯联苯	2,2',3,4,4',5,5'-七氯联苯	2,3,3',4,4',5'-七氯联苯
检出限	0.4	0.4	0.6	0.5	0.5	0.5	0.4	0.4	0.6	0.4	0.4	0.4	0.6	0.5	0.4
XM-1	<0.4	<0.4	<0.6	<0.5	<0.5	<0.5	<0.4	<0.4	<0.6	<0.4	<0.4	<0.4	<0.6	<0.5	<0.4
XM-3	<0.4	<0.4	<0.6	<0.5	<0.5	<0.5	<0.4	<0.4	<0.6	<0.4	<0.4	<0.4	<0.6	<0.5	<0.4
XM-8	<0.4	<0.4	<0.6	<0.5	<0.5	<0.5	<0.4	<0.4	<0.6	<0.4	<0.4	<0.4	<0.6	<0.5	<0.4
XM-12	<0.4	<0.4	<0.6	<0.5	<0.5	<0.5	<0.4	<0.4	<0.6	<0.4	<0.4	<0.4	<0.6	<0.5	<0.4
XM-18	<0.4	<0.4	<0.6	<0.5	<0.5	<0.5	<0.4	<0.4	<0.6	<0.4	<0.4	<0.4	<0.6	<0.5	<0.4
XM-25	<0.4	<0.4	<0.6	<0.5	<0.5	<0.5	<0.4	<0.4	<0.6	<0.4	<0.4	<0.4	<0.6	<0.5	<0.4

附表 6　新穆河底泥多环芳烃含量

（单位：μg/kg）

点位	萘	苊烯	苊	芴	菲	蒽	荧蒽	芘	苯并[a]蒽	䓛	苯并[b]荧蒽	苯并[k]荧蒽	苯并[a]芘	二苯并[a,h]蒽	苯并[g,h,i]芘	茚并[1,2,3-cd]芘
检出限	0.3	3	3	5	5	4	5	3	4	3	5	5	5	5	5	4
XM-1	8.5	<3	<3	93.5	133.8	<4	84	<3	33.7	18.9	101	187	<5	5	5	40.6
XM-3	9.6	<3	12.6	<5	141.3	<4	83	<3	<4	<3	823	165	<5	<5	<5	32.7
XM-8	10.5	<3	<3	92.7	145.2	<4	80	374	42.3	<3	5.88E+03	<5	<5	<5	<5	34.5
XM-12	6.9	<3	<3	36.5	75.2	<4	182	68	34.4	19.0	4.22E+03	135	<5	<5	<5	29.8
XM-18	10.7	<3	<3	<5	139.3	<4	82	<3	38.5	<3	4.66E+03	<5	<5	<5	<5	37.2
XM-25	8.5	<3	<3	<5	122.9	<4	87	<3	26.0	19.1	3.99E+03	<5	<5	<5	<5	34.6

附表 7　新开河底泥多氯联苯含量

（单位：μg/kg）

点位	2,4,4'-三氯联苯	2,2',5,5'-四氯联苯	2,2',4,5,5'-五氯联苯	3,4,4',5-四氯联苯	3,3',4,4'-四氯联苯	2,3,3',4,4'-五氯联苯	2',3,4,4',5-五氯联苯	2,3',4,4',5-五氯联苯	2,3,4,4',5-五氯联苯	2,2',4,4',5,5'-六氯联苯	3,3',4,4',5-五氯联苯	2,2',3,4,4',5'-六氯联苯	2,3',4,4',5,5'-六氯联苯	2,3,3',4,4',5-六氯联苯	2,3,3',4,4',5'-六氯联苯	2,2',3,4,4',5,5'-七氯联苯	2,2',3,3',4,4',5-七氯联苯	2,3,3',4,4',5,5'-七氯联苯
检出限	0.4	0.4	0.6	0.5	0.5	0.5	0.6	0.5	0.6	0.4	0.5	0.4	0.4	0.4	0.4	0.6	0.5	0.4
XK-1	<0.4	<0.4	<0.6	<0.5	<0.5	<0.5	<0.6	<0.5	<0.6	<0.4	<0.5	<0.4	<0.4	<0.4	<0.4	<0.6	<0.5	<0.4
XK-5	<0.4	<0.4	<0.6	<0.5	<0.5	<0.5	<0.6	<0.5	<0.6	<0.4	<0.5	<0.4	<0.4	<0.4	<0.4	<0.6	<0.5	<0.4
XK-9	<0.4	<0.4	<0.6	<0.5	<0.5	<0.5	<0.6	<0.5	<0.6	<0.4	<0.5	<0.4	<0.4	<0.4	<0.4	<0.6	<0.5	<0.4
XK-17	<0.4	<0.4	<0.6	<0.5	<0.5	<0.5	<0.6	<0.5	<0.6	<0.4	<0.5	<0.4	<0.4	<0.4	<0.4	<0.6	<0.5	<0.4
XK-28	<0.4	<0.4	<0.6	<0.5	<0.5	<0.5	<0.6	<0.5	<0.6	<0.4	<0.5	<0.4	<0.4	<0.4	<0.4	<0.6	<0.5	<0.4
XK-44	<0.4	<0.4	<0.6	<0.5	<0.5	<0.5	<0.6	<0.5	<0.6	<0.4	<0.5	<0.4	<0.4	<0.4	<0.4	<0.6	<0.5	<0.4
XK-48	<0.4	<0.4	<0.6	<0.5	<0.5	<0.5	<0.6	<0.5	<0.6	<0.4	<0.5	<0.4	<0.4	<0.4	<0.4	<0.6	<0.5	<0.4

附表 8　新开河底泥多环芳烃含量

（单位：μg/kg）

点位	萘	苊烯	苊	芴	菲	蒽	荧蒽	芘	苯并[a]蒽	䓛	苯并[b]荧蒽	苯并[k]荧蒽	苯并[a]芘	二苯并[a,h]蒽	苯并[g,h,i]苝	茚并[1,2,3-cd]芘
检出限	3	3	3	5	5	4	5	3	4	3	5	5	5	5	5	4
XK-1	<3	<3	<3	<5	<5	<4	<5	<3	<4	<3	1.97×10^3	<5	<5	<5	<5	<4
XK-5	<3	<3	<3	<5	<5	<4	<5	<3	<4	<3	3.23×10^3	<5	<5	<5	<5	<4
XK-9	<3	<3	<3	<5	<5	<4	346	<3	<4	366	4.47×10^3	<5	<5	<5	513	<4
XK-17	<3	<3	<3	<5	283	<4	742	233	<4	297	7.19×10^3	<5	<5	<5	312	<4
XK-23	<3	821	<3	<5	238	<4	1.41×10^3	374	<4	908	9.86×10^3	<5	<5	<5	845	<4
XK-28	<3	394	<3	<5	999	<4	846	235	<4	520	1.21×10^4	<5	<5	<5	525	<4
XK-44	<3	<3	<3	<5	<5	<4	<5	<3	<4	<3	1357	<5	<5	<5	<5	<4
XK-48	<3	<3	<3	<5	<5	<4	<5	<3	<4	<3	19	<5	<5	<5	<5	<4

附表 9　老背河底泥多氯联苯含量

（单位：μg/kg）

点位	2,4,4'-三氯联苯	2,2',5,5'-四氯联苯	2,2',4,5,5'-五氯联苯	3,4,4',5-四氯联苯	3,3',4,4'-四氯联苯	2',3,4,4',5-五氯联苯	2,3',4,4',5-五氯联苯	2,3,3',4,4'-五氯联苯	2,2',4,4',5,5'-六氯联苯	2,2',3,4,4',5'-六氯联苯	2,3,4,4',5-五氯联苯	2,3',4,4',5,5'-六氯联苯	2,3,3',4,4',5-六氯联苯	2,2',3,4,4',5,5'-七氯联苯	2,3,3',4,4',5,5'-七氯联苯
检出限	0.4	0.6	0.6	0.5	0.5	0.5	0.4	0.4	0.4	0.4	0.4	0.4	0.5	0.5	0.4
LB-1	<0.4	<0.6	<0.6	<0.5	<0.5	<0.5	<0.4	<0.4	<0.4	<0.4	<0.4	<0.4	<0.5	<0.5	<0.4
LB-7	<0.4	<0.6	<0.6	<0.5	<0.5	<0.5	<0.4	<0.4	<0.4	<0.4	<0.4	<0.4	<0.5	<0.5	<0.4
LB-12	<0.4	<0.6	<0.6	<0.5	<0.5	<0.5	<0.4	<0.4	<0.4	<0.4	<0.4	<0.4	<0.5	<0.5	<0.4

附表10 老背河底泥多环芳烃含量

（单位：μg/kg）

点位	萘	苊烯	苊	芴	菲	蒽	荧蒽	芘	苯并[a]蒽	䓛	苯并[b]荧蒽	苯并[k]荧蒽	苯并[a]芘	二苯并[a,h]蒽	苯并[g,h,i]苝	茚并[1,2,3-cd]芘
检出限	3	3	3	5	5	4	5	3	4	3	5	5	5	5	5	4
LB-1	6.9	<3	<3	55.8	<5	<4	79	239	24.9	<3	415	<5	<5	<5	<5	35.2
LB-7	<0.3	<3	<3	91.0	<5	<4	127	3.15E+03	10.5	94.7	5.71E+03	158	<5	<5	<5	33.0
LB-12	<0.3	<3	<3	94.1	123.9	<4	221	140	114.6	351.5	55	203	410	<5	<5	248.5

附表11 辉山明渠（大东段）底泥多氯联苯含量

（单位：μg/kg）

点位	2,4,4'-三氯联苯	2,2',5,5'-四氯联苯	2,2',4,5,5'-五氯联苯	3,4,4',5-四氯联苯	2',3,4,4',5-五氯联苯	2,3',4,4',5-五氯联苯	2,3,4,4',5-五氯联苯	2,3,3',4,4'-五氯联苯	2,3,3',4,4',5-六氯联苯	2,3',4,4',5,5'-六氯联苯	3,3',4,4',5,5'-六氯联苯	2,3,3',4,4',5,5'-七氯联苯
检出限	0.4	0.4	0.6	0.5	0.5	0.6	0.5	0.4	0.4	0.5	0.4	0.4
HSMQ-6	<0.4	<0.4	<0.6	<0.5	<0.5	<0.6	<0.5	<0.4	<0.4	<0.5	<0.4	<0.4

附表12 辉山明渠（大东段）底泥多环芳烃含量

（单位：μg/kg）

点位	萘	苊烯	苊	芴	菲	蒽	荧蒽	芘	苯并[a]蒽	䓛	苯并[b]荧蒽	苯并[k]荧蒽	苯并[a]芘	二苯并[a,h]蒽	苯并[g,h,i]苝	茚并[1,2,3-cd]芘
检出限	3	3	3	5	5	4	5	3	4	3	5	5	5	5	5	4
HSMQ-1	<3	<3	<3	<5	<5	<4	<5	<3	<4	<3	2.45×10^3	<5	<5	<5	<5	<4
HSMQ-4	<3	<3	<3	<5	<5	<4	283	<3	<4	309	8.00×10^3	<5	<5	<5	<5	<4
HSMQ-6	<3	<3	<3	<5	<5	<4	<5	<3	<4	<3	7.57×10^3	<5	<5	<5	129	<4

附表 13 九龙河底泥多氯联苯含量

（单位：μg/kg）

点位	2,4,4'-三氯联苯	2,2',5,5'-四氯联苯	3,4,4',5-四氯联苯	3,3',4,4'-四氯联苯	2',3,4,4',5-五氯联苯	2,3,4,4',5-五氯联苯	2,2',4,5,5'-五氯联苯	2,3',4,4',5-五氯联苯	2,2',4,4',5,5'-六氯联苯	2,3,3',4,4'-五氯联苯	3,3',4,4',5-五氯联苯	2,2',3,4,4',5'-六氯联苯	2,3',4,4',5,5'-六氯联苯	2,3,4,4',5-六氯联苯	2,3,3',4,4',5-六氯联苯	2,2',3,4,4',5,5'-七氯联苯	2,3,3',4,4',5-六氯联苯	2,3,3',4,4',5,5'-七氯联苯
检出限	0.4	0.4	0.5	0.6	0.5	0.5	0.6	0.4	0.4	0.4	0.5	0.4	0.4	0.4	0.5	0.6	0.5	0.4
JL-1	<0.4	<0.4	<0.5	<0.6	<0.5	<0.5	<0.6	<0.4	<0.4	<0.4	<0.5	<0.4	<0.4	<0.4	<0.5	<0.6	<0.5	<0.4
JL-4	<0.4	<0.4	<0.5	<0.6	<0.5	<0.5	<0.6	<0.4	<0.4	<0.4	<0.5	<0.4	<0.4	<0.4	<0.5	<0.6	<0.5	<0.4
JL-5	<0.4	<0.4	<0.5	<0.6	<0.5	<0.5	<0.6	<0.4	<0.4	<0.4	<0.5	<0.4	<0.4	<0.4	<0.5	<0.6	<0.5	<0.4
JL-8	<0.4	<0.4	<0.5	<0.6	<0.5	<0.5	<0.6	<0.4	<0.4	<0.4	<0.5	<0.4	<0.4	<0.4	<0.5	<0.6	<0.5	<0.4
JL-12	<0.4	<0.4	<0.5	<0.6	<0.5	<0.5	<0.6	<0.4	<0.4	<0.4	<0.5	<0.4	<0.4	<0.4	<0.5	<0.6	<0.5	<0.4
JL-15	<0.4	<0.4	<0.5	<0.6	<0.5	<0.5	<0.6	<0.4	<0.4	<0.4	<0.5	<0.4	<0.4	<0.4	<0.5	<0.6	<0.5	<0.4
JL-17	<0.4	<0.4	<0.5	<0.6	<0.5	<0.5	<0.6	<0.4	<0.4	<0.4	<0.5	<0.4	<0.4	<0.4	<0.5	<0.6	<0.5	<0.4
JL-21	<0.4	<0.4	<0.5	<0.6	<0.5	<0.5	<0.6	<0.4	<0.4	<0.4	<0.5	<0.4	<0.4	<0.4	<0.5	<0.6	<0.5	<0.4
JL-22	<0.4	<0.4	<0.5	<0.6	<0.5	<0.5	<0.6	<0.4	<0.4	<0.4	<0.5	<0.4	<0.4	<0.4	<0.5	<0.6	<0.5	<0.4
JL-23	<0.4	<0.4	<0.5	<0.6	<0.5	<0.5	<0.6	<0.4	<0.4	<0.4	<0.5	<0.4	<0.4	<0.4	<0.5	<0.6	<0.5	<0.4
JL-29	<0.4	<0.4	<0.5	<0.6	<0.5	<0.5	<0.6	<0.4	<0.4	<0.4	<0.5	<0.4	<0.4	<0.4	<0.5	<0.6	<0.5	<0.4
JL-33	<0.4	<0.4	<0.5	<0.6	<0.5	<0.5	<0.6	<0.4	<0.4	<0.4	<0.5	<0.4	<0.4	<0.4	<0.5	<0.6	<0.5	<0.4
JL-36	<0.4	<0.4	<0.5	<0.6	<0.5	<0.5	<0.6	<0.4	<0.4	<0.4	<0.5	<0.4	<0.4	<0.4	<0.5	<0.6	<0.5	<0.4
JL-39	<0.4	<0.4	<0.5	<0.6	<0.5	<0.5	<0.6	<0.4	<0.4	<0.4	<0.5	<0.4	<0.4	<0.4	<0.5	<0.6	<0.5	<0.4
JL-42	<0.4	<0.4	<0.5	<0.6	<0.5	<0.5	<0.6	<0.4	<0.4	<0.4	<0.5	<0.4	<0.4	<0.4	<0.5	<0.6	<0.5	<0.4
JL-45	<0.4	<0.4	<0.5	<0.6	<0.5	<0.5	<0.6	<0.4	<0.4	<0.4	<0.5	<0.4	<0.4	<0.4	<0.5	<0.6	<0.5	<0.4
JL-47	<0.4	<0.4	<0.5	<0.6	<0.5	<0.5	<0.6	<0.4	<0.4	<0.4	<0.5	<0.4	<0.4	<0.4	<0.5	<0.6	<0.5	<0.4
JL-49	<0.4	<0.4	<0.5	<0.6	<0.5	<0.5	<0.6	<0.4	<0.4	<0.4	<0.5	<0.4	<0.4	<0.4	<0.5	<0.6	<0.5	<0.4

附表14 九龙河底泥多环芳烃含量

（单位：μg/kg）

点位	萘	苊烯	苊	芴	菲	蒽	荧蒽	芘	苯并[a]蒽	䓛	苯并[b]荧蒽	苯并[k]荧蒽	苯并[a]芘	二苯并[a,h]蒽	苯并[g,h,i]苝	茚并[1,2,3-cd]芘
检出限	3	3	3	5	5	4	5	3	4	3	5	5	5	5	5	4
JL-1	<0.3	<3	<3	70.6	<5	<4	71	<3	<4	16.7	843	<5	<5	<5	<5	79.8
JL-4	<0.3	<3	<3	38.1	<5	<4	<5	<3	<4	<3	84	170	<5	<5	<5	<4
JL-5	<0.3	<3	16.1	<5	57.7	<4	69	51	<4	16.8	151	143	<5	<5	<5	43.1
JL-8	<0.3	<3	<3	98.0	135.9	<4	80	196	29.3	18.2	135	386	<5	<5	<5	32.1
JL-12	<0.3	<3	<3	<5	145.4	<4	86	<3	30.8	<3	<5	<5	<5	<5	<5	39.5
JL-15	<0.3	<3	23.1	<5	66.9	<4	246	1.46×10³	52.6	92.4	2.90×10³	153	<5	<5	<5	90.0
JL-17	<0.3	<3	17.6	87.7	66.8	<4	<5	85	<4	79.9	1.23×10³	155	<5	<5	490	<4
JL-21	<0.3	<3	15.7	<5	<5	<4	<5	137	61.9	53.8	1.41×10³	146	<5	<5	<5	76.6
JL-22	<0.3	<3	16.3	<5	55.7	<4	78	<3	<4	55.8	1.33×10³	134	<5	<5	324	<4
JL-23	8.1	<3	<3	106.3	158.7	18.2	233	416	63.1	53.7	5.51×10³	138	<5	<5	<5	105.8
JL-26	11.0	<3	21.3	<5	142.0	<4	83	49	55.6	20.7	1.08×10³	184	<5	<5	<5	40.9
JL-29	9.5	<3	15.7	111.0	179.1	22.0	283	177	<4	18.4	660	177	<5	<5	<5	39.9
JL-33	13.9	<3	<3	<5	55.3	<4	<5	115	19.6	19.6	5.62×10³	<5	<5	<5	<5	37.9
JL-36	7.2	<3	14.2	<5	<5	<4	<5	71	39.3	17.4	2.55×10³	<5	<5	<5	<5	46.3
JL-39	<0.3	<3	25.3	<5	<5	25.0	<5	107	143.0	169.5	8.35×10³	241	<5	<5	<5	814.9
JL-42	8.1	<3	<3	<5	64.1	<4	79	<3	29.1	<3	519	167	<5	<5	<5	65.6
JL-45	7.7	<3	<3	66.7	65.9	<4	77	<3	<4	<3	3.99×10³	<5	<5	<5	<5	61.0
JL-47	<0.3	<3	<3	117.9	141.6	<4	319	745	28.5	85.0	4.85×10³	<5	<5	<5	<5	31.4
JL-49	7.5	<3	<3	<5	<5	<4	78	<3	24.9	<3	280	154	<5	<5	<5	47.3

附表 15　满堂河底泥多氯联苯含量

（单位：μg/kg）

点位	2,4,4'-三氯联苯	2,2',5,5'-四氯联苯	3,4,4',5-四氯联苯	2',3,4,4',5-五氯联苯	2,3',4,4',5-五氯联苯	2,3,4,4',5-五氯联苯	2,3,3',4,4'-五氯联苯	2,2',4,4',5-五氯联苯	2,2',3,4,4',5-六氯联苯	2,3,3',4,4',5-六氯联苯	2,3',4,4',5-六氯联苯	2,3,3',4,4'-六氯联苯	2,3,3',4,4',5-六氯联苯	2,2',3,4,4',5,5'-七氯联苯	2,2',3,4,4',5,5'-七氯联苯	3,3',4,4',5,5'-六氯联苯	2,3,3',4,4',5,5'-七氯联苯
检出限	0.4	0.4	0.5	0.6	0.6	0.5	0.5	0.6	0.4	0.4	0.4	0.4	0.4	0.6	0.6	0.5	0.4
MTH-12-L-A	<0.4	<0.4	<0.5	<0.6	<0.6	<0.5	<0.5	<0.6	<0.4	<0.4	<0.4	<0.4	<0.4	<0.6	<0.6	<0.5	<0.4

注：L 表示该采样点位顺流方向左侧，R 表示该采样点位顺流方向右侧，M 表示该采样点位河中心点；A 表示 0～20cm 深度内底泥，B 表示 20～50cm 深度内底泥，C 表示 50～80cm 深度内底泥。后同。

附表 16　满堂河底泥有机氯农药、有机磷农药含量

（单位：μg/kg）

点位	六六六				DDT				有机磷农药			
	α-BHC	β-BHC	γ-BHC	δ-BHC	p,p'-DDE	o,p'-DDT	p,p'-DDD	p,p'-DDT	乐果	敌敌畏	甲基对硫磷	马拉硫磷
检出限	0.049	0.08	0.074	0.18	0.17	1.90	0.48	4.87	50	50	50	50
MTH-8-L-A	0.51	<0.08	0.63	<0.18	0.64	<1.9	<0.48	<4.87	—	—	—	—
MTH-8-R-A	0.65	0.62	0.33	<0.18	0.77	<1.9	<0.48	<4.87	—	—	—	—
MTH-12-L-A	0.19	0.39	<0.074	<0.18	0.34	<1.9	<0.48	<4.87	<50	<50	<50	<50

附表 17 满堂河底泥多环芳烃含量

（单位：μg/kg）

点位	萘	苊烯	苊	芴	菲	蒽	荧蒽	芘	苯并 [a] 蒽	䓛	苯并 [b] 荧蒽	苯并 [k] 荧蒽	苯并 [a] 芘	二苯并 [a, h] 蒽	苯并 (g, h, i) 芘	茚并 [1, 2, 3-cd] 芘
检出限	3	3	3	5	5	4	5	3	4	3	5	5	5	5	5	4
MTH-8-L-A	<3	<3	<3	<5	<5	<4	26.2	<3	<4	<3	15125	<5	<5	<5	<5	<4
MTH-8-R-A	<3	<3	<3	<5	<5	<4	<5	<3	<4	<3	17521	<5	<5	<5	<5	<4
MTH-12-L-A	<3	<3	<3	<5	<5	<4	<5	<3	<4	<3	8314	<5	<5	<5	<5	<4

附表 18　细河底泥多氯联苯含量

（单位：μg/kg）

点位	2,4,4'-三氯联苯	2,2',5,5'-四氯联苯	2,2',4,5,5'-五氯联苯	3,4,4',5-四氯联苯	3,3',4,4'-四氯联苯	2',3,4,4',5-五氯联苯	2,3',4,4',5-五氯联苯	2,3,4,4',5-五氯联苯	2,2',4,4',5,5'-六氯联苯	2,3,3',4,4'-五氯联苯	2,2',3,4,4',5'-六氯联苯	3,3',4,4',5-五氯联苯	2,3',4,4',5,5'-六氯联苯	2,3,3',4,4',5-六氯联苯	2,3,3',4,4',5'-六氯联苯	2,2',3,4,4',5,5'-七氯联苯	3,3',4,4',5,5'-六氯联苯	2,3,3',4,4',5'-七氯联苯
检出限	0.4	0.4	0.6	0.5	0.5	0.5	0.6	0.5	0.6	0.4	0.4	0.5	0.4	0.4	0.4	0.6	0.5	0.4
XH-1-L-C	<0.4	<0.4	<0.6	<0.5	<0.5	<0.5	<0.6	<0.5	<0.6	<0.4	<0.4	<0.5	<0.4	<0.4	<0.4	<0.6	<0.5	<0.4
XH-13-L-A	<0.4	<0.4	<0.6	<0.5	<0.5	<0.5	<0.6	<0.5	<0.6	<0.4	<0.4	<0.5	<0.4	<0.4	<0.4	<0.6	<0.5	<0.4
XH-13-M-A	<0.4	<0.4	<0.6	<0.5	<0.5	<0.5	<0.6	<0.5	<0.6	<0.4	<0.4	<0.5	<0.4	<0.4	<0.4	<0.6	<0.5	<0.4
XH-41-R-A	<0.4	<0.4	<0.6	<0.5	<0.5	<0.5	<0.6	<0.5	<0.6	<0.4	<0.4	<0.5	<0.4	<0.4	<0.4	<0.6	<0.5	<0.4
XH-45-L-A	<0.4	<0.4	<0.6	<0.5	<0.5	<0.5	<0.6	<0.5	<0.6	<0.4	<0.4	<0.5	<0.4	<0.4	<0.4	<0.6	<0.5	<0.4
XH-55-L-A	<0.4	<0.4	<0.6	<0.5	<0.5	<0.5	<0.6	<0.5	<0.6	<0.4	<0.4	<0.5	<0.4	<0.4	<0.4	<0.6	<0.5	<0.4
XH-55-R-A	<0.4	<0.4	<0.6	<0.5	<0.5	<0.5	<0.6	<0.5	<0.6	<0.4	<0.4	<0.5	<0.4	<0.4	<0.4	<0.6	<0.5	<0.4
XH-55-R-B	<0.4	<0.4	<0.6	<0.5	<0.5	<0.5	<0.6	<0.5	<0.6	<0.4	<0.4	<0.5	<0.4	<0.4	<0.4	<0.6	<0.5	<0.4
XH-64-M-A	<0.4	<0.4	<0.6	<0.5	<0.5	<0.5	<0.6	<0.5	<0.6	<0.4	<0.4	<0.5	<0.4	<0.4	<0.4	<0.6	<0.5	<0.4
XH-64-M-B	<0.4	<0.4	<0.6	<0.5	<0.5	<0.5	<0.6	<0.5	<0.6	<0.4	<0.4	<0.5	<0.4	<0.4	<0.4	<0.6	<0.5	<0.4
XH-68-L-A	<0.4	<0.4	<0.6	<0.5	<0.5	<0.5	<0.6	<0.5	<0.6	<0.4	<0.4	<0.5	<0.4	<0.4	<0.4	<0.6	<0.5	<0.4
XH-68-L-B	<0.4	<0.4	<0.6	<0.5	<0.5	<0.5	<0.6	<0.5	<0.6	<0.4	<0.4	<0.5	<0.4	<0.4	<0.4	<0.6	<0.5	<0.4
XH-72-R-A	<0.4	<0.4	<0.6	<0.5	<0.5	<0.5	<0.6	<0.5	<0.6	<0.4	<0.4	<0.5	<0.4	<0.4	<0.4	<0.6	<0.5	<0.4

附表19　细河底泥有机氯农药、有机磷农药含量

（单位：μg/kg）

点位	有机氯农药								有机磷农药			
	α-BHC	β-BHC	γ-BHC	δ-BHC	p,p'-DDE	o,p'-DDT	p,p'-DDD	p,p'-DDT	乐果	敌敌畏	甲基对硫磷	马拉硫磷
检出限	0.049	0.08	0.074	0.18	0.17	1.90	0.48	4.87	50	50	50	50
XH-1-L-A	7.46	11.1	1.25	1.79	2.49	<1.90	4.02	<4.87		50	50	50
XH-1-L-B	2.90	5.92	0.281	1.09	1.42	<1.90	1.56	<4.87				
XH-1-L-C	7.54	4.52	2.31	2.24	0.981	<1.90	0.826	79	<50	<50	<50	<50
XH-1-M-A	4.49	1.41	0.13	5.59	<0.17	<1.90	<0.48	<4.87				
XH-6-R-A	3.22	3.14	0.572	2.56	1.01	<1.90	0.972	<4.87				
XH-13-L-A	2.30	3.20	<0.074	5.53	1.07	<1.90	0.872	<4.87	<50	<50	<50	<50
XH-13-M-A	1.21	<0.08	1.11	1.46	0.564	<1.90	<0.48	<4.87	<50	<50	<50	<50
XH-13-R-A	9.94	<0.08	<0.074	<0.18	<0.17	<1.90	1.06	<4.87				
XH-13-R-B	1.13	1.43	<0.074	<0.18	0.289	<1.90	<0.48	<4.87				
XH-13-R-C	6.99	0.878	<0.074	<0.18	0.285	<1.90	<0.48	<4.87				
XH-20-M-A	1.26	1.34	<0.074	0.377	0.404	<1.90	<0.48	<4.87				
XH-20-R-A	7.07	<0.08	<0.074	<0.18	0.328	<1.90	<0.48	<4.87				
XH-30-R-A	2.08	0.782	<0.074	<0.18	<0.17	<1.90	1.76	<4.87				
XH-30-R-B	3.13	9.98	4.13	12.3	0.784	<1.90	1.30	<4.87				
XH-36-R-A	2.57	3.25	<0.074	1.04	0.52	<1.90	0.56	<4.87	<50	<50	<50	
XH-41-R-A	0.246	<0.08	<0.074	0.3	0.345	<1.90	<0.48	<4.87	<50	<50	<50	<50

续表

点位	有机氯农药								有机磷农药			
	α-BHC	β-BHC	γ-BHC	δ-BHC	p,p'-DDE	o,p'-DDT	p,p'-DDD	p,p'-DDT	乐果	敌敌畏	甲基对硫磷	马拉硫磷
XH-45-L-A	0.341	0.464	<0.074	0.194	<0.17	<1.90	<0.48	<4.87	<50	<50	<50	<50
XH-49-L-A	5.34	6.05	1.53	2.25	1.43	5.67	2.74	<4.87			<50	
XH-49-L-B	3.04	1.27	<0.074	<0.18	1.03	7.63	<0.48	<4.87				
XH-55-L-A	4.25	3.38	1.48	1.33	9.18	1.03	<0.48	<4.87	<50	<50	<50	<50
XH-55-L-B	6.71	4.00	2.00	<0.18	1.45	10.7	1.09	<4.87				
XH-55-R-A	3.93	3.72	0.728	2.06	0.818	3.00	0.864	<4.87	<50	<50	<50	<50
XH-55-R-B	0.778	0.581	0.362	0.624	0.271	<1.90	<0.48	<4.87	<50	<50	<50	<50
XH-59-L-A	0.586	0.686	<0.074	0.261	<0.17	<1.90	<0.48	<4.87				
XH-59-L-B	1.60	1.19	0.534	1.03	0.395	3.16	<0.48	<4.87				
XH-64-L-A	2.48	2.05	0.715	0.933	0.35	8.01	<0.48	<4.87				
XH-64-L-B	4.63	4.77	0.736	2.34	1.20	3.64	<0.48	<4.87				
XH-64-M-A	3.02	<0.08	1.97	2.04	1.16	21.5	<0.48	<4.87	<50	<50	<50	<50
XH-64-M-B	2.29	<0.08	<0.074	<0.18	1.73	5.99	<0.48	<4.87	<50	<50	<50	<50
XH-64-M-C	1.89	2.78	1.23	2.26	2.92	<1.90	0.972	<4.87				
XH-68-L-A	10.5	<0.08	6.45	<0.18	1.30	<1.90	<0.48	<4.87	<50	<50	<50	<50
XH-68-L-B	5.75	3.31	2.73	0.393	2.58	<1.90	0.695	<4.87	<50	<50	<50	<50
XH-72-R-A	2.74	1.43	0.22	1.81	0.51	4.34	<0.48	<4.87	<50	<50	<50	<50

附表 20 细河底泥多环芳烃含量

（单位：μg/kg）

点位	萘	苊烯	苊	芴	菲	蒽	荧蒽	芘	苯并[a]蒽	䓛	苯并[b]荧蒽	苯并[k]荧蒽	苯并[a]芘	二苯并[a,h]蒽	苯并[g,h,i]苝	茚并[1,2,3-cd]芘
检出限	3	3	3	5	5	4	5	3	4	3	5	5	5	5	5	4
XH-1-L-A	<3	1.70×10^3	<3	<5	1.17×10^3	<4	1.75×10^3	1.55×10^3	<4	1.71×10^3	2.73×10^4	<5	<5	<5	1.05×10^3	<4
XH-1-L-B	<3	<3	<3	<5	669	<4	1.85×10^3	277	<4	1.58×10^3	3.66×10^4	39.3	256	<5	2.14×10^3	249
XH-1-L-C	<3	<3	<3	<5	573	<4	992	862	<4	904	9.86×10^3	18.3	<5	<5	666	<4
XH-1-M-A	<3	<3	<3	<5	299	<4	328	287	<4	380	6.71×10^3	<5	<5	<5	<5	<4
XH-6-R-A	<3	<3	<3	<5	174	<4	<5	<3	<4	<3	92	<5	<5	<5	<5	<4
XH-13-L-A	<3	<3	<3	<5	567	<4	595	658	<4	136	8.35×10^3	<5	<5	<5	<5	<4
XH-13-M-A	<3	<3	<3	<5	361	<4	192	<3	<4	<3	5.74×10^3	<5	<5	<5	<5	<4
XH-13-R-A	<3	<3	<3	256	2.09×10^3	<4	2.18×10^3	2.75×10^3	<4	659	1.99×10^4	<5	<5	<5	568	<4
XH-13-R-B	<3	<3	<3	<5	493	<4	302	50.0	<4	<3	9.28×10^3	<5	<5	<5	<5	<4
XH-13-R-C	<3	<3	<3	24.2	1.18×10^3	<4	2.19×10^3	162	271	1.77×10^3	1.23×10^4	1.52×10^3	808	<5	1.01×10^3	85.9
XH-20-M-A	<3	<3	<3	<5	353	<4	110	<3	<4	<3	8.57×10^3	<5	<5	<5	<5	<4
XH-20-R-A	<3	<3	<3	<5	458	<4	247	<3	<4	161	9.62×10^3	<5	<5	<5	<5	<4
XH-30-R-A	<3	<3	<3	<5	1.25×10^3	<4	832	435	<4	863	1.74×10^4	<5	<5	<5	501	<4
XH-30-R-B	<3	87.9	<3	2.61×10^3	1.01×10^3	<4	1525	675	<4	980	8.31×10^3	<5	<5	<5	559	<4
XH-36-R-A	<3	<3	<3	<5	764	<4	1.95×10^3	1.37×10^3	<4	719	1.08×10^4	<5	<5	<5	436	<4
XH-41-R-A	<3	<3	<3	<5	<5	<4	<5	<3	<4	<3	2.56×10^3	<5	<5	<5	<5	<4

续表

点位	萘	苊烯	苊	芴	菲	蒽	荧蒽	芘	苯并[a]蒽	䓛	苯并[b]荧蒽	苯并[k]荧蒽	苯并[a]芘	二苯并[a,h]蒽	苯并(g,h,i)苝	茚并[1,2,3-cd]芘
XH-45-L-A	<3	<3	<3	<5	<5	<4	<5	<3	<4	<3	3.28×10^3	<5	<5	<5	<5	<4
XH-49-L-A	<3	<3	<3	<5	<5	<4	<5	<3	<4	<3	1.40×10^4	<5	<5	<5	<5	<4
XH-49-L-B	<3	<3	<3	521	80.7	<4	405	444	<4	393	7.75×10^3	<5	<5	<5	1.28×10^3	<4
XH-55-L-A	<3	159	<3	<5	263	<4	1.09×10^3	902	<4	806	1.11×10^4	<5	<5	<5	739	<4
XH-55-L-B	<3	<3	<3	438	<5	<4	1.81×10^3	1.95×10^3	<4	384	3.53×10^4	<5	<5	<5	1.49×10^3	3.31×10^3
XH-55-R-A	<3	<3	<3	387	204	<4	357	495	<4	308	1.32×10^3	<5	<5	<5	470	<4
XH-55-R-B	<3	16.6	<3	353	30.0	<4	145	187	<4	511	7.64×10^3	<5	<5	<5	284	<4
XH-59-L-A	<3	<3	<3	<5	<5	<4	<5	<3	<4	<3	2.95×10^3	<5	<5	<5	135	<4
XH-59-L-B	<3	<3	<3	<5	26.2	<4	6.07	<3	<4	17.0	8.45×10^3	<5	<5	<5	117	335
XH-64-L-A	<3	<3	<3	<5	<5	<4	<5	<3	<4	<3	752	<5	<5	<5	<5	<4
XH-64-L-B	<3	<3	<3	<5	<5	<4	<5	<3	<4	<3	4.25×10^3	<5	<5	<5	<5	<4
XH-64-M-A	<3	<3	<3	187	465	<4	320	162	<4	559	1.04×10^4	<5	<5	<5	701	<4
XH-64-M-B	<3	<3	<3	163	366	<4	1.16×10^3	984	<4	896	1.22×10^4	<5	<5	<5	461	<4
XH-64-M-C	<3	<3	<3	<5	65.4	<4	229	<3	<4	26.7	3.56×10^3	<5	<5	<5	433	<4
XH-68-L-A	<3	<3	<3	<5	<5	<4	<5	<3	<4	<3	6.92×10^3	<5	<5	<5	205	<4
XH-68-L-B	<3	<3	<3	<5	<5	<4	<5	<3	<4	<3	5.10×10^3	<5	<5	<5	<5	<4
XH-72-R-A	<3	<3	<3	<5	<5	<4	<5	<3	<4	<3	1.40×10^3	<5	<5	<5	391	<4